볼 하나로 간단히_치대지 않고 쉽게

무반죽 원 볼 베이킹

고상진 지음

어떻게 하면 빵을 맛있고 쉽게 만들 수 있을까?

이 책은 이런 고민에서 시작되었어요. 빵 만들기에 직접 도전하고 싶은 마음은 있어도 선뜻 시작하긴 어렵다는 걸 잘 알기 때문입니다.

빵은 케이크나 쿠키와 달리 반죽할 때 힘이 많이 들어가고, 치대는 과정에서 소음이 발생하기도 합니다. 아이들을 위해 빵을 직접 만들어볼까 하며 빵 만들기에 도전했다가 이내 포기해버리는 사람들이 많이 있습니다.

저도 처음 베이킹을 할 때 집에서 손반죽으로 시작했습니다. 그때는 반죽을 20분 동안 200~300번씩이나 강하게 치대는 과정을 반복했는데, 그러다보니 팔 근육이 뭉쳐 어린 나이에 파스를 붙이는 일이 잦았습니다.

이처럼 빵을 만들기 위해서는 웬만큼 마음먹지 않고서는 쉽지 않은 것이 사실입니다. 발효과정에서도 발효가 충분히 될 때까지 인내심을 가지고 기다리는 것이 입문자에게는 쉽지 않습니다. 저 역시 전문도구와 장비가 없는 상태에서 홈베이킹을 시작했기 때문에 집에서 도구 없이 빵을 만드는 게 얼마나 어려운지 누구보다 잘 알고 있습니다.

전문적인 제빵 도구를 제대로 갖추지 못한 독자들을 위해 이 책에서는 이스트를 적절히 사용해 집에서 손쉽게 빵, 발효케이크, 쿠키 만드는 법을 최대한 친절하게 설명하려고 노력했습니다.

이 책은 일반적인 무반죽 빵 책과 달리 담백한 빵, 달콤한 빵, 발효 케이크 및 쿠키 등 발효를 활용한 다양한 제품을 소개하였고, 더욱 맛있는 빵을 만들기 위해 사용할 수 있는 발효종에 대한 설명과 제조방법도 소개했습니다. 굳이 비싼 믹서기를 사지 않아도 소량의 이스트로 장시간 숙성을 시켜 자연적으로 글루텐을 만들고, 다른 빵보다 발효시간을 길게 해서 더욱 맛과 향이 좋은 고품격 빵을 집에서도 쉽게 즐길 수 있도록 구성했습니다.

〈무반죽 원 볼 베이킹〉 책이 나온 지 8년이 지났습니다. 그 사이 '무반죽'을 강조하는 베이
킹 책들이 몇 권 더 나왔지만, 기본 빵과 건강한 빵, 발효 케이크, 발효 쿠키까지 50가지가
넘는 다양한 무반죽 빵의 원리와 만드는 방법을 이 책처럼 쉽게 알려주는 것은 없었습니다.
이번에 만드는 과정과 사진을 보완하고 내용을 다시 정리해 개정판을 내게 되었습니다.
이 책을 통해 빵 만들기가 어렵다는 편견을 깨고 많은 사람들이 집에서 건강한 빵 만들기를
즐겼으면 좋겠습니다. 그래서 골목마다 빵 굽는 행복한 냄새가 퍼져나가기를 바랍니다.
이제 이 책에서 알려주는 쉬운 방법으로 집에서 신선한 빵을 구워보세요.

지은이 고상진

Contents

Basic
무반죽 발효빵의 기초 익히기

Part 3
발효 케이크

Part 4
발효 쿠키

Plus Info

미리 갖춰두면 편한 베이킹 기본 재료

베이킹을 할 때는 밀가루 이외에도 버터, 달걀을 비롯해 다양한 재료가 필요해요. 특히 무반죽 빵과 같은 건강 빵은 다른 베이킹에서는 잘 사용하지 않는 생소한 재료도 많아요. 빵을 만들 때 자주 쓰는 재료들은 무엇인지 특징을 잘 알아두면 더욱 맛있는 빵을 만들 수 있어요.

밀가루

글루텐 함량에 따라 강력분, 중력분, 박력분으로 나뉜다. 글루텐 함량이 높은 강력분은 빵을 만들 때, 글루텐 함량이 적은 박력분은 과자나 케이크를 만들 때  쓴다. 중력분은 일반 밀가루 요리에 두루 쓰인다. 이 책에서는 반죽을 하지 않기 때문에 주로 강력분을 사용한다. 식감을 부드럽게 하기 위해 다른 밀가루를 섞어 쓰기도 한다.

통밀가루

밀을 도정하지 않고 통째로 갈아서 만들어 일반 밀가루보다 섬유질, 미네랄, 비타민 등이 풍부하다. 통밀가루로 빵을 만들면 영양이 풍부하고 고소한 맛도 진해진다.

호밀가루

건강 빵을 만들 때 자주 사용되는 재료. 밀가루보다 섬유질, 비타민, 미네랄이 풍부하다. 호밀  가루가 많이 들어갈수록 빵의 색이 어두워지고, 잘 부풀지 않으며 설익게 된다. 호밀빵을 만들기 위해서는 사워종을 함께 써야 이런 단점을 보완할 수 있다.

잡곡가루(멀티그레인)

콩, 호밀, 귀리, 통밀, 보리, 맥아 등 다양한 곡물을 섞어서 만든 곡물가루. 멀티그레인을 넣은 빵은 짙은 갈색을 띠고 여러 곡물이 섞여 구수한 맛이 난다. 멀티그레인  만으로 빵을 만들 때는 밀가루의 10~40% 정도로 섞는 것이 좋다.

말린 허브믹스

마늘, 양파, 바질, 파슬리, 타임, 로즈메리, 오레가노, 흑후추, 레드페퍼가 섞인 이탈리아 향신료 중 하나다. 빵에 넣으면 풍미가 좋아진다. 생 바질이나 로즈메리를 대신 사용해도 좋다. 시중에서 쉽게 구할 수 있다.

해바라기씨

바삭하고 고소한 맛이 좋아 베이킹에 자주 쓰인다. 해바라기씨의 피토스테롤 성분은 콜레스테롤이 쌓이는 것을 막고 혈관을 깨끗하게 하는 기능을 한다. 프라  이팬에 살짝 볶아 사용하면 더 고소한 맛을 낼 수 있다.

호두

빵과 쿠키, 케이크에 토핑을 하거나 속에 넣는 재료로 다양하게 쓰인다. 리놀렌산과 토코페롤이 많이 들어 있어 혈관질환을 예방하고 노화 방지 효과가 뛰어나다. 호두는 산패되기 쉽기 때문에 밀폐용기에 담아 냉동실에 보관하면 오래 두고 사용할 수 있다.

믹스필

레몬, 오렌지, 체리 등을 다져서 말린 다음 설탕에 절여서 만든 젤리. 달콤한 맛과 알록달록한 예쁜 색깔 덕분에 베이킹에 다양하게 사용된다. 파네토네와 슈톨렌, 과일빵을 만들 때 꼭 필요한 재료이기도 하다.

말린과일(크랜베리, 블루베리, 무화과)

말린 블루베리와 크랜베리, 무화과, 건포도 등의 과일은 맛도 좋고 보관도 쉬워 베이킹에 자주 쓰인다. 빵에 새콤달콤한 맛을 더하고 비타민, 섬유질 등의 영양을 보충해 건강빵에 잘 어울린다. 말린 과일은 럼주나 물에 담가 불려서 사용해야 부드럽다.

이스트

빵을 부풀리는 미생물의 일종으로 반죽에 넣는다. 생 이스트와 드라이 이스트가 있는데, 생 이스트는 맛과 효과는 좋으나 사용이 불편하고, 드라이 이스트는 반죽에 바로 넣어 쓸 수 있어 편리하다. 밀폐용기에 담아 어둡고 서늘한 곳에 보관한다.

바닐라에센스

바닐라 향을 내는 농축액으로 향과 색이 진해 소량만 넣어도 충분하다. 달걀의 비린내를 잡고, 달콤하고 부드러운 향을 더한다. 휘발성이 강해 크림이나 차게 먹는 쿠키와 케이크에 주로 쓰인다.

올리브유

정제한 퓨어와 열매 그대로 압착해서 만드는 엑스트라버진으로 나뉜다. 빵에는 주로 올리브유의 향을 내는 목적으로 사용되므로 엑스트라버진 오일을 사용한다. 올리브유 특유의 향에 민감한 경우에는 퓨어오일이나 다른 오일로 대체할 수 있다.

카놀라유

유채의 꽃씨에서 추출한 기름으로, 특별한 향이 없으며 다양한 용도로 사용할 수 있다. 기름은 글루텐의 결합을 방해해 빵을 더 촉촉하고 부드럽게 만드는 역할을 한다. 카놀라유 대신 옥수수유나 콩기름을 대체해서 사용해도 좋다.

연유

우유를 농축시킨 것으로 빵의 맛을 풍부하게 만들기 위해 사용한다. 무당연유와 가당연유로 나뉘는데, 시중에 파는 것은 대부분 가당연유로 설탕이 40% 정도 함유돼 있다. 연유를 넣을 때에는 반드시 빵의 설탕량을 계산해서 당이 너무 많이 들어가 발효가 지연되지 않게 주의해야 한다.

베이킹의 첫 걸음, 도구 준비하기

베이킹을 시작하기 전, 미리 도구를 준비해두면 빵을 만드는 일이 쉬워져요. 무반죽 발효빵에 쓰이는 다양한 베이킹 도구들의 특징을 잘 알아두면 필요할 때 적절하게 사용할 수 있어요.

계량스푼, 계량컵

정확한 계량을 위한 베이킹의 기본 도구. 계량스푼은 1큰술 (15mL), 1작은술(5mL), 1/2작은술(2.5mL) 등의 적은 양을 잴 때 쓰고 계량컵은 그보다 많은 양을 재는 데 쓴다. 1컵은 200mL이다. 눈금이 바로 보이는 투명한 소재가 편리하다.

저울

디지털저울과 바늘저울이 있다. 베이킹을 할 때는 재료와 반죽을 수시로 계량하기 때문에 디지털저울이 편리하다. 저울을 살 때는 계량단위 1g, 계량범위 3kg 정도인 제품을 고르면 알맞다.

온도계

재료의 온도를 측정하고 발효 온도를 유지할 때 사용한다. 반죽의 온도를 잴 때는 반죽 깊숙이 넣어 내부 온도를 측정할 수 있게 만든 가늘고 긴 막대 모양의 디지털 온도계를 준비한다.

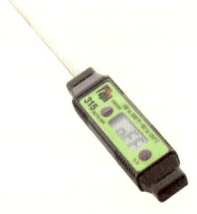

타이머

반죽을 발효시키거나 빵을 구울 때 시간을 정확히 체크하도록 도와주는 도구. 전자 타이머와 아날로그 타이머 두 종류가 있다. 하나의 오븐에서 두 가지 빵을 한 번에 구울 때 사용하면 편리하다.

볼

재료를 섞거나 반죽할 때 유용한 도구. 볼을 데우거나 식힐 때 편리한 스테인리스 소재로 고른다. 깊이가 있고 지름이 넓고 큼직한 것이 사용하기 좋으며 크기별로 다양하게 갖춰놓으면 편리하다.

체

반죽에 쓰이는 대부분의 가루 재료는 입자를 곱게하고, 가루 사이에 공기가 들어가 폭신하게 만들기 위해 체에 내리는 과정이 필요하다. 여러 재료를 한데 섞을 때도 사용한다. 크기가 아주 작은 미니 체는 슈거파우더 등을 빵 위에 뿌려 장식할 때 요긴하다.

거품기

재료를 섞을 때, 달걀을 풀 때, 크림을 만들 때 등 다양하게 사용하는 도구. 거품을 낼 때는 크기가 크면서 촘촘한 것이 좋고, 섞는 용도로 사용할 때는 크기가 작으면서 철망이 성긴 것이 좋다. 전동 핸드믹서를 사용하면 좀 더 편리하다.

실리콘주걱

재료나 반죽을 고루 섞고 볼에 묻은 반죽을 알뜰하게 긁어낼 때 사용하는 도구. 실리콘 재질의 주걱은 높은 온도에서도 안심하고 사용할 수 있어 좋다. 작은 고무주걱은 크림이나 소스를 만들 때 사용하면 편리하다.

붓

빵에 달걀물을 바르거나 반죽에 묻은 밀가루 등을 털어낼 때 쓰인다. 오븐 팬이나 빵틀에 반죽이 달라붙지 않도록 녹인 버터나 기름을 바를 때도 유용하다. 실리콘 붓은 털이 빠지지 않고 세척이 편해 관리하기 쉽다.

밀대

반죽을 평평하게 밀거나 넓게 늘일 때 사용하는 도구. 표면이 고르고 지름이 3~4cm 정도 되는 것을 선택한다. 플라스틱도 있지만 나무로 된 제품을 많이 사용한다. 나무로 된 것은 사용 후 반드시 물기를 바짝 말려 보관한다.

쿠프나이프

반죽 위에 칼집을 낼 때 사용하는 도구. 칼날이 얇고 각도가 있어서 자연스러운 무늬를 낼 수 있다. 제과제빵

재료를 파는 곳에서 구입할 수 있는데, 쿠프나이프가 없을 때는 칼날이 톱니처럼 생긴 과도를 이용하면 된다.

스크레이퍼

반죽을 여러 덩어리로 나누거나 하나로 모을 때, 쿠키나 크래커 반죽을 자를 때, 빵에 모양낼 때 등 다양하게 사용되는 편리한 도구다. 딱딱한 버터를 자르거나 으깰 때도 사용할 수 있다. 플라스틱 재질과 금속 재질이 있으며 모양도 다양하다.

캔버스천

두꺼운 면 소재의 캔버스천은 반죽을 발효시키거나 바게트를 만들 때, 반죽이 쉽게 마르지 않도록 덮어두는 용도로 사용한다. 사용 후 밀가루를 깨끗이 털어내고 건조한 곳에 보관한다.

식빵 틀, 파운드 틀

식빵이나 파운드케이크를 구울 때 사용하는 빵틀. 녹인 버터나 올리브오일을 바르고 반죽을 담아야 틀에서 잘 떨어진다. 코팅된 식빵 틀은 따로 오일을 바르지 않아도 된다. 정사각형 식빵을 구울 때는 뚜껑 있는 식빵 틀을 사용한다. 이 책에서는 16×7.5×6.5mm 파운드 틀과 215×95×95mm 식빵 틀을 주로 사용한다.

머핀틀

머핀을 구울 때 사용하는 빵틀. 식빵 틀과 마찬가지로 녹인 버터나 올리브오일을 바르고 반죽을 담아야 반죽이 달라붙지 않고 잘 떨어진다. 종이로 만든 머핀 틀을 사용하면 따로 버터나 기름을 바를 필요가 없어 편리하고, 구운 빵을 그대로 선물하기도 좋다. 모양과 크기도 다양하다.

자연의 속도로 만드는
무반죽 발효빵

가정용 오븐이 널리 보급되면서 집에서 취미로 베이킹을 하는 사람들이 늘어났어요. 하지만 힘든 반죽 과정 때문에 한두 번 시도하다 그만두는 경우가 많은 게 사실이죠. 무반죽 빵에서는 힘이 많이 드는 반죽 과정을 생략하는 대신 천연 발효법을 이용해 몸에 좋고 건강한 빵을 만들 수 있어요. 과정도 복잡하지 않아 초보자도 쉽게 따라할 수 있답니다.

무반죽 발효빵이란?

집에서 케이크나 쿠키를 직접 만드는 사람들이 늘어났지만 홈베이킹은 여전히 어렵고 생소하다. 빵을 만들 때는 반죽을 잘해야 부드럽고 맛이 좋아지는데 가정에서는 반죽을 제대로 하기 어렵기 때문이다.

빵을 부드럽게 하는 글루텐은 밀가루에 들어 있는 글루테닌과 글리아딘이라는 두 가지 단백질을 잘 결합시켜야 생성된다. 이때 '치대기'라는 과정이 꼭 필요한데, 보통 제대로 된 반죽을 위해서는 이 과정을 150~200번 정도 반복해야 한다. 반죽에 따라 20~30분이나 소요되는 번거로운 과정이다. 그렇다고 몇 번의 베이킹 때문에 비싼 반죽기를 사기에는 부담스럽다.

하지만 밀가루의 글루텐을 만들기 위해 반드시 믹서를 사용할 필요는 없다. 고대에는 무반죽 제법만으로도 부드럽게 부푸는 빵을 만들 수 있었다. 반죽에 대해 제대로 이해하면 수화, 즉 재료와 물이 충분히 섞일 수 있도록 시간을 주는 작업만으로도 발효가 쉽게 일어난다.

이 책에서는 힘든 반죽 과정을 생략하고 볼과 주걱만 있으면 집에서도 간편하게 할 수 있는 레시피를 소개한다. 인위적으로 시간을 줄여 빠르게 반죽하는 과정이 없어 비싼 반죽기도 필요 없다. 자기 전에 재료를 주걱으로 섞고 휴지-접기 과정을 거친 다음 냉장고에 넣어 저온숙성시켜 다음 날 아침에 구우면 따뜻한 빵을 먹을 수 있다.

무반죽법은 반죽을 기계의 힘으로 무리하게 만들지 않고 충분한 시간을 들여 글루텐을 생성시키는 방법이기 때문에 시중에서 파는 빵보다 글루텐 구조가 엉성해 소화·흡수가 비교적 잘 되고, 긴 발효시간 덕분에 맛과 향이 좋은 빵을 만들 수 있다.

무반죽 빵의 특징

번거로운 반죽 과정을 거치지 않는다는 것 이외에도 무반죽 빵은 여러 장점을 갖고 있다. 무반죽 빵의 특징을 잘 알아두면 빵을 만드는 즐거움이 더욱 커질 것이다.

① 반죽 과정 없이 쉽게 만드는 빵

150~200번 이상 손으로 치대는 번거로운 과정을 거치거나 자주 쓰지 않는 반죽기를 구입할 필요 없이 볼과 주걱만으로 손쉽게 빵을 만들 수 있다. 힘 들이지 않고 주걱으로 잘 섞어주는 것만으로도 충분하다.

③ 바로 만들어 따끈하게 먹는 빵

전날 섞어둔 반죽을 냉장고에서 저온숙성시키면 다음 날 아침, 모양만 만들어 금세 구울 수 있다. 구워서 바로 먹기 때문에 빵집에서 파는 것 같은 부드러운 빵을 집에서도 쉽게 즐길 수 있다.

② 몸에 좋은 건강 빵

무반죽 빵은 시중에서 판매되는 빵보다 먹고 난 뒤 더부룩한 느낌 없이 소화가 잘 된다. 충분한 발효시간 덕분에 빵을 만들 때 생성되는 글루텐의 일부가 분해되기 때문이다. 일반적으로 우리가 먹는 빵은 반죽기를 이용해 고속으로 글루텐을 많이 만들기 때문에 부피는 크지만 소화가 잘 되기 어렵다. 자연적으로 천천히 글루텐이 생성되면 몸에 부담이 적어진다.

④ 맛과 향이 좋은 빵

발효시간이 길어 반죽의 수화가 충분히 이루어지고 미생물의 활동이 활발해지면서 발효가 잘 일어난다. 제대로 된 발효 과정은 빵의 맛과 향을 좌우한다. 시중에서 파는 빵보다 맛과 향이 더 좋다는 것도 무반죽 빵의 장점이다.

발효빵 만들기의 기본, 접기와 반죽

무반죽 빵에서는 인위적으로 치대는 과정은 거치지 않지만 반죽이
매끄러워지고 글루텐이 잘 생성될 수 있도록 접기 과정을 거쳐요. 반죽을
잡아당겨 접는 과정만으로도 충분히 탄력 있는 반죽이 만들어질 수
있답니다.

매끄럽고 탄력 있는 반죽 만들기, 접기 과정

밀가루에는 글루텐이라는 단백질이 들어 있다. 밀가루 반죽은 치대지 않아도 오랜 시간 그대로 두면 자연적으로 글루텐이 생긴다. 비싼 반죽기 없이도 밀가루와 물을 주걱으로 섞은 다음 18℃ 정도에서 12~18시간 두면 발효와 수화 과정을 거쳐 글루텐이 생성돼 쉽게 빵을 만들 수 있다.

글루텐은 천연 발효종을 넣거나 반죽의 수분이 많을수록 잘 생성된다. 천연 발효종을 넣으면 산성이 높아져 반죽 시간이 단축되고, 수분이 많으면 물이 밀가루 분자의 이동을 좋게 해 결합이 쉬워진다. 하지만 물이 너무 많으면 희석 효과 때문에 글루텐이 잘 생성되지 않는다.

반죽기로 반죽하면 몇십 분 이내로 반죽이 끝나지만 건강 빵을 만들 때는 자칫 밀가루 풍미가 날아가 좋지 않을 수 있다. 집에 믹서가 없을 때는 접기 방법을 사용하면 시간은 줄이면서 부드러운 빵이 만들어진다. 접기 방법은 무반죽법 다음으로 오래된 방법으로 밀가루 상태가 좋지 않거나 믹서가 없었을 때 제빵사들이 사용했다. 물과 밀가루를 섞은 다음 그대로 두면 수화 과정을 거치는데 중간에 반죽을 당겨 접기를 반복하면 물리적인 힘으로 글루텐 생성이 빨라진다.

물에 밀가루를 넣어 가루가 보이지 않을 때까지 주걱으로 섞고, 랩을 씌워 15분간 둔 다음 반죽을 보면 광택이 나면서 찰기가 생기기 시작한다. 이때 그릇을 90°씩 돌려 반죽을 당겨가면서 접기를 8회 반복한다. 15~20분 간격으로 이 과정을 4~5회 반복하면 반죽기를 사용하지 않아도 매끄럽고 탄력 있는 반죽이 만들어진다.

접기별 1차 발효 시간

실온이 18℃일 경우에는 접기를 하지 않고 저녁에 반죽한 후, 다음 날 아침에 성형하고 구우면 된다. 아침에 빵을 굽고 싶은데 온도가 높으면 반죽을 실온에서 15분 간격으로 4번 접기 한 다음, 냉장고에 넣어 다음 날 꺼내서 나누고 18℃가 될 때까지 중간 발효시킨 후 성형해 다시 발효시켜 구우면 된다. 빵을 바로 굽고 싶을 때는 접기를 5번 하고 실온에 두어 2배 크기로 부풀 때까지 30~60분 정도 발효시키고 바로 사용한다.

시간이 충분하다면 4회 정도 접고 냉장고에서 장시간 저온 숙성시키는 것이 풍미와 맛을 가장 좋게 하는 방법이다.

모든 접기 과정은 발효 과정에 포함되지 않고 실온에서 진행

빵이 더 맛있어지는 사전 반죽

빵은 정성을 들일수록 맛있어져요. 같은 레시피라도 이스트의 양을 늘리고
고속으로 반죽해 만드는 시간을 줄인 빵과 몇 번의 발효 과정을 거쳐
정성스럽게 만든 빵은 분명한 차이가 있죠. 사람들 사이에서 인기가 높은
빵집은 대부분 빵의 특성에 맞게 사전 반죽법을 사용해요. 천연 발효종과
비슷한 효과를 볼 수 있는 사전 반죽법의 종류와 특징에 대해 알아볼까요?

묵은 반죽법 Pâte Fermentée

반죽을 자르다 남는 반죽이 생기면 버리지 말고 비닐에 싸서 냉장고에 보관하자. 묵은 반죽은 냉장 보관하면 3일까지 보관 가능하다. 사용할 때는 밀가루의 5~15% 정도를 넣는다. 묵은 반죽을 사용하면 산성 덕분에 반죽 시간이 단축되고 반죽의 풍미도 좋아지며 식감도 더욱 좋아진다. 하지만 3일 이상 지난 반죽을 넣으면 풍미가 나빠지고 효소가 과분비되어 식감이 나빠진다.

묵은 반죽은 반드시 같은 반죽끼리 사용하는 것이 좋다. 아무것도 들어가지 않은 건강 빵 반죽은 단과자를 비롯한 모든 빵에 사용해도 좋지만 단과자빵 반죽이나 충전물이 들어간 반죽을 건강 빵에 사용해서는 안 된다. 묵은 반죽을 사용할 때는 소금을 넣기 전에 미리 물에 충분히 풀어서 사용해야 골고루 섞을 수 있다. 소금을 넣으면 글루텐이 응고돼 잘 풀어지지 않는다.

오토리즈법 Autolyse

주로 건강 빵에 사용하는 방법으로 밀가루와 물만 섞어 20~60분간 휴지시킨 다음 이스트, 소금, 다른 재료를 넣어 반죽한다. 밀가루와 물을 충분히 수화시켜 글루텐이 생기고, 밀가루에 있는 효소의 작용으로 반죽이 잘 늘어나는 성질을 가지며, 반죽 시간이 짧아져 밀가루의 풍미가 그대로 유지된다. 소금을 미리 넣으면 글루텐을 수축시켜 생성이 억제되고, 이스트를 미리 넣으면 오토리즈 시간 동안 불필요한 발효가 발생한다. 이 책에서는 공정을 간편하게 하기 위해 모든 재료를 섞어 만드는 방법을 사용하지만 보통은 다음과 같은 방법으로 만든다. 밀가루와 물을 넣고 섞어 20분간 휴지시킨 다음, 물에 녹인 이스트를 넣어 잘 섞고, 마지막으로 소금을 넣어 섞으면서 접는다. 잘못 섞으면 소금이 잘 안 섞일 수 있으므로 주의한다.

풀리시법 Poolish

소량의 이스트와 물을 섞은 다음 물과 밀가루를 1:1로 섞어 사전 발효하는 방법으로 폴란드에서 사용하기 시작해 풀리시법이라 불린다. 이스트는 주로 생 이스트 기준으로 전체 무게의 0.01~0.5%까지 사용하며 장시간 발효할 경우 0.08%의 이스트를 넣고 23℃에서 18시간 정도 발효시켜 사용한다. 단시간에 발효할 경우 이스트를 1%까지 넣기도 한다. 19세기 한 제빵사가 값비싼 이스트와 재료를 아끼기 위해 사용한 방법으로 주로 바게트 같은 건강 빵을 만들 때 효과가 좋다. 수분이 많기 때문에 젖산균 생성이 왕성해지고 발효로 인해 효소 작용이 충분히 일어나 반죽 시간을 줄여주고 반죽을 잘 늘어나게 하며 풍미와 작업성을 좋게 한다.

풀리시법은 레시피에 사용하는 밀가루 양의 10~50% 밀가루를 사전 발효시켜 사용하는데, 일반적으로는 반죽에 들어가는 밀가루 양의 30~33%를 사용한다. 예를 들어 빵을 만들 때 250g의 강력분을 사용하는 경우, 85g의 물에 20%만큼의 이스트를 미리 녹이고 85g의 강력분을 섞어 23℃에서 12~18시간 숙성시킨 다음 빵을 반죽할 때 물에 미리 풀어두었다가 나머지 밀가루를 섞으면 된다.

비가법 Biga

밀가루 대비 물의 비율이 50~55%로 매우 단단한 반죽을 만드는 방법이며 이탈리아에서 주로 사용한다. 수분이 별로 없기 때문에 효소의 지나친 작용을 억제할 수 있고 헤테로젖산균에 의해 주로 초산이 더 발생하는 발효법이다. 힘없는 밀가루에 부피감을 주는 방법으로 사용되고 있으나 이 방법의 반죽은 단단하므로 이 책에서는 사용하기 어렵다.

빵의 건강한 변신, 천연 발효종 만들기

최근 몇 년 사이, 건강에 대한 관심이 높아지면서 이스트 대신 천연 효모로 반죽을 부풀려 만든 천연 발효빵 역시 인기가 많아졌어요. 천연 발효빵을 만드는 데는 천연 발효종의 역할이 가장 중요하죠. 곡물이나 채소, 과일, 허브, 식물 등 무엇으로도 만들 수 있는 천연 발효종. 건강에도 좋고, 빵 맛을 깊게 하는 천연 발효종을 소개합니다.

천연 발효종의 기본

이스트 대신 천연 발효종을 넣어도 어떤 빵이든 만들 수 있다. 케이크류를 만들 때는 우유 양을 줄이고 이스트 대신 밀가루 양의 20%만큼 액종을 넣어 발효시키고, 기본 빵·건강 빵을 만들 때는 밀가루 양의 10~15%만큼 액종을 넣어 발효시키면 된다.

액종 자체는 발효 효과가 약하기 때문에 실온에서 천천히 발효시켜야 한다. 이스트와 천연 발효종을 같이 사용할 때는 액종 100g에 밀가루 100g을 넣고 크기가 4배 정도 커질 때까지 24℃에서 12~18시간 동안 발효시킨 후, 냉장고에 보관해두었다가 빵을 만들 때 밀가루 양의 10~20%만큼 사용하면 빵의 풍미가 더욱 좋아진다. 한번 만들어둔 액종은 일주일가량 냉장고에서 보관할 수 있다.

어떤 빵과도 잘 어울리는 사과종 만들기

재료 사과 100g, 물 250mL, 유기농설탕 2큰술

만들기 1 **병 살균하기** 유리병을 끓는 물에 담가 살균한다.

2 **사과 손질하기** 사과를 껍질째 작게 썬 다음 유리병에 담는다.

3 **물·설탕 넣기** 물과 설탕을 넣어 잘 섞은 후 뚜껑을 느슨하게 덮는다.

4 **발효시키기** 1~2일 동안은 하루에 한 번 사과종을 위아래로 섞으면서 사과 표면이 마르지 않게 한다. 4~5일째 발효종이 탁해지면서 알코올 향과 기포가 활발하게 나오고 하얀 침전물이 생기기 시작하면 체에 걸러 액체만 사용한다.

보관하기 발효가 끝나면 사과를 건져내고 냉장 보관한다. 실온에 두면 발효가 계속돼 효모가 자기 소화를 일으키며, 초산균이 자라 신맛을 띠게 된다. 냉장고에서는 한 달 정도 보관 가능하며, 일주일에 1~2회 열어 설탕을 1작은술씩 첨가하면 좋다. 사과는 껍질째 써야 하므로 유기농이나 무농약 과일을 쓴다.

빵 맛을 결정하는 좋은 오븐 고르기

맛있는 빵을 만들려면 먼저 자신에게 맞는 오븐을 고르고, 오븐에 맞는 온도를 찾는 것이 중요해요. 오븐 온도가 너무 높으면 빵이 쉽게 타고, 낮으면 빵이 제대로 익지 않거나 색이 잘 나지 않아요. 오븐 온도 맞추는 법, 오븐 종류, 오븐 용어를 잘 알고 이해하면 맛있는 빵에 한걸음 더 다가갈 수 있어요.

오븐 온도 맞추기

빵을 고온에서 빠른 시간에 구우면 수분이 적게 날아가 질척해지고, 낮은 온도에서 천천히 구우면 수분이 많이 날아가 퍽퍽해진다. 이럴 땐 온도를 조금씩 올려 적당한 시간과 온도를 찾아내야 한다.

빵 크기가 작으면 높은 온도에서 짧은 시간에 굽고, 빵 크기가 크면 온도를 낮게 해서 열이 속까지 골고루 들어가게 굽는 것이 하나의 팁이다. 빵을 굽다가 색이 잘 나지 않으면 온도를 조금씩 올리면서 색을 확인하고, 시간보다 너무 빨리 색이 나면 유산지를 빵 위에 덮어주고 온도를 낮추면 타지 않게 할 수 있다. 또한 밑면의 색이 많이 나거나 밑불 온도가 세면 철판 한 장을 더 깔면 된다.

오븐의 종류

오븐은 크게 전기 방식과 가스 방식 두 종류로 나뉜다. 최근에는 주로 전기오븐을 사용한다.

전기오븐은 위아래를 전기 히터로 데워서 대류 방식으로 익히는 데크 방식이 있고, 히터에 강한 팬을 달아 강제로 공기를 불어줘 골고루 열을 내뿜는 컨벡션 방식이 있다. 컨벡션 오븐은 강제 송풍으로 굽기 때문에 온도가 고르고 단시간에 구울 수 있는 장점이 있지만 가격이 비싸고 바람이 강해 빵이 쉽게 마른다. 일반적으로 쓰는 가정용 오븐은 컨벡션 오븐으로 위아래 온도를 각각 조절할 수 없고 열량도 약하기 때문에 빵을 잘 굽기 어렵지만 약간의 팁만 알면 좋은 빵을 얼마든지 구울 수 있다.

스팀과 돌판

건강 빵을 만들 때 재료가 적게 들어가는 만큼 제맛을 내기가 어렵고 오븐의 영향도 많이 받는다. 하지만 두 가지만 기억하면 집에서도 맛있는 건강 빵을 만들 수 있다.

첫 번째는 돌판이다. 오븐에 돌판을 넣어 사용하면 가정용 오븐의 단점이 보완된다. 돌판은 뚝배기를 만드는 곱돌이나 시중에서 판매하는 베이킹 스톤을 사이즈에 맞게 사용한다. 두께는 1.5~1.8cm가 적당하다.

사용할 때에는 돌판을 맨 밑단에 놓고 예열한다. 처음에는 낮은 온도로 서서히 길들여가며 온도를 올려야 깨지지 않고 오래 쓸 수 있다. 30~60분 정도 충분히 예열한 돌판 위에 반죽을 바로 얹어 구우면 순간 열로 잘 부풀고 빵의 기공이 좋아진다.

두 번째로 중요한 것이 바로 스팀이다. 건강 빵은 다른 빵처럼 유지나 설탕이 들어가지 않아 빨리 굳는다. 차가운 반죽에 수증기를 입히면 구워지는 동안 빨리 굳지 않아 팽창이 잘 되고, 밀가루 표면의 색이 더 잘나고, 윤기가 나면서 칼 집이 잘 벌어진다.

가정용 오븐으로 스팀을 낼 때는 뜨겁게 데운 돌에 물을 부어 수증기를 만들면 된다. 돌판을 뜨겁게 달군 후 반죽을 넣은 다음 약 60mL 정도의 뜨거운 물을 빈 돌판 위에 부어 수증기를 발생시키는 것이다.

빵을 맛있게 굽는 오븐 팁

- **예열을 충분히 한다** 충분히 예열을 하지 않고 빵을 구우면 빵이 작아진다. 전기가 소모되더라도 좋은 빵을 위해서는 최소 30분 이상 예열하는 것이 좋다.

- **돌판을 사용한다** 가정용 오븐은 대체로 단열에 취약하다. 그래서 문을 열면 금방 열이 식고 히터가 자주 켜져 수분이 날아가 빵이 마르게 된다. 돌판을 넣어주면 돌판이 열을 머금어 좀 더 고른 열로 빵을 구울 수 있다.

- **오븐 문을 열어보지 않는다** 빵이 구워지는 동안 문을 열면 히터가 자주 켜져 빵 표면이 마르므로 빵 색이 나기 전까지 문을 열지 않는 것이 좋다.

- **빵 굽는 온도보다 약간 더 높은 온도로 예열한다** 가정용 오븐은 단열이 잘 안 되고 열이 금방 식으므로 약간 높은 온도로 예열해야 열고 닫을 때 열이 적게 내려가 안정적으로 구울 수 있다.

- **오븐 단을 용도에 맞게 사용한다** 오븐 단을 용도에 맞게 사용하면 업소용 데크 오븐과 비슷한 효과를 내서 빵을 잘 구울 수 있다. 밑불 온도가 센 아랫단은 주로 큰 빵을 구울 때 사용하고, 밑불과 윗불 온도가 비슷한 가운데 단은 작은 빵을 굽기 좋다. 맨 윗단은 쿠키처럼 윗면 색이 중요한 작고 얇은 빵을 굽는다.

기본 빵

Basic
기본 빵 만들기

기존 무반죽 빵 레시피에는 달콤한 빵이 없다. 무반죽법은 산화가 적어 밀가루 풍미를 최대한 살리는 방법이기 때문에 주로 바게트나 깜빠뉴 등의 건강 빵을 만들 때 사용한다.

1960년대 제빵 장비가 좋지 않고 이스트도 귀하던 시절 소량의 이스트를 넣어 달콤한 빵을 손으로 반죽하기도 했는데, 이렇게 하면 무반죽법으로도 달콤한 빵을 만들 수 있다. 보통 빵처럼 크기가 크진 않지만 자연적으로 글루텐이 생성돼 집에서도 믹서기 없이 쉽게 만들고, 감촉이 부드러워 소화도 더 잘 된다.

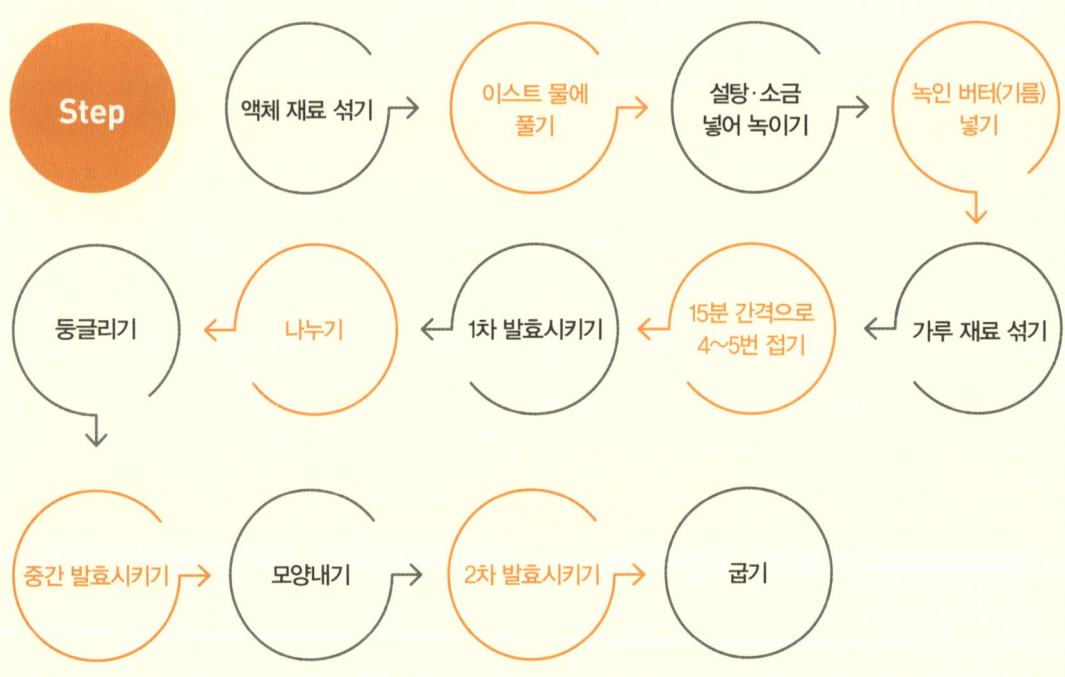

Step

액체 재료 섞기 → 이스트 물에 풀기 → 설탕·소금 넣어 녹이기 → 녹인 버터(기름) 넣기

둥글리기 ← 나누기 ← 1차 발효시키기 ← 15분 간격으로 4~5번 접기 ← 가루 재료 섞기

중간 발효시키기 → 모양내기 → 2차 발효시키기 → 굽기

준비 도구 | 볼, 저울, 주걱, 오븐, 오븐 팬

step 1

액체 재료 섞기

1 우유와 물을 담아 잰다.

2 우유물에 달걀을 넣고 주걱으로 푼다.

tip

우유와 달걀은 어떤 기능을 하나?

우유와 달걀은 생략할 수 있다. 우유는 반죽을 부드럽게 하고, 풍미를 좋게 하며, 구웠을 때 색이 잘 나게 한다. 우유 대신 두유나 아몬드밀크를 사용해도 좋다.

달걀은 빵을 부드럽게 하고 맛을 좋게 한다. 반죽에 달걀을 안 넣으면 빵이 빨리 굳기 때문에 빨리 먹어야 한다.

색을 내기 위해 첨가하는 재료는 언제 넣어야 하나?

색을 내기 위해 단호박 페이스트나 채소즙을 넣을 때는 이 단계에서 넣고 충분히 섞는다.

step 2

이스트 물에 풀기

3 달걀이 우유와 잘 섞이면 드라이 이스트를 넣고 1분간 그대로 둔다. 바로 섞으면 이스트가 덩어리진다.

4 이스트가 물에 풀어져서 가라앉기 시작하면 주걱으로 서서히 섞으면서 잘 푼다.

tip

묵은 반죽은 무엇이고, 묵은 반죽을 넣는 이유는?

빵의 풍미를 좋게 하고 발효를 돕기 위해 묵은 반죽을 넣기도 한다. 묵은 반죽을 넣을 때는 반드시 이 단계에서 넣는다. 이스트를 섞으면서 묵은 반죽을 넣어 다 녹도록 충분히 저어준다. 만약 소금을 넣은 다음 묵은 반죽을 넣으면 소금이 글루텐을 응고시켜 잘 풀어지지 않게 된다. 묵은 반죽량은 밀가루 대비 5~15%가 적당하다.

step 3

설탕·소금 넣어
녹이기

5 이스트가 완전히 풀어지면 설탕과 소금을 넣고 주걱으로 저어 녹인다.

step 4

녹인 버터(기름)
넣기

6 버터를 중탕으로 녹인다.

7 ⑤의 액체 재료에 녹인 버터를 넣어 주걱으로 골고루 섞는다. 버터가 너무 뜨거우
   면 반죽 온도가 많이 올라가 발효가 제대로 잘 이루어지지 않기 때문에 40℃ 정
   도가 적당하다.

tip

버터는 왜 미리 섞을까?
버터가 많이 들어간 레시피는 보통 버터를 맨 마지막에 넣는다. 버터의 기름 성분이 글
루텐 생성을 방해하므로 반죽에 글루텐이 어느 정도 생긴 다음에 넣는 것이다. 하지만
여기서는 녹인 버터를 밀가루보다 먼저넣었다. 글루텐 형성이 늦어지지만 반죽 섞는 시
간이 줄어들어 효과적이다. 단, 달콤한 빵은 버터가 많이 들어가기 때문에 반죽에 탄력
이 생길 때까지 충분히 저어주어야 한다.

버터 대신 식물성기름을 넣어도 될까?
버터 대신 식물성기름으로 대체해서 넣어도 좋다. 단, 기름을 넣을 때에는 설탕이나
소금 등 밀가루를 뺀 나머지 재료를 모두 섞은 후 마지막에 넣어야 한다.

step 5
가루 재료 섞기

8-1

8-2

8 녹인 버터가 골고루 퍼지면 밀가루를 넣고 주걱으로 섞는다. 볼을 돌려가며 주걱으로 바닥부터 끌어올리듯 섞는 과정을 반복해 밀가루가 보이지 않을 때까지 계속 섞는다.

tip

버터를 섞을 때 노하우가 있나?
녹인 버터를 섞은 뒤에는 바로 가루 재료를 넣어 신속하게 섞는다. 특히 겨울에는 기름이 빨리 굳기 때문에 버터를 녹이는 온도도 45℃ 정도로 한다. 버터가 굳어 한쪽으로 뭉쳐 잘 섞이지 않으면 손으로 충분히 주물러 골고루 섞는다.

step 6
접기-휴지 반복하기

9

10-1

10-2

9 반죽에 밀가루가 보이지 않을 정도로 잘 섞이면 랩을 씌워 실온에 15분간 둔다. 18~27℃까지는 실온에 그대로 두고, 온도가 더 높으면 냉장고에, 더 낮으면 약간 따뜻한 곳에 두어 휴지시킨다. 휴지가 끝난 반죽은 윤기가 돌고 반죽이 잘 늘어난다.

10 휴지가 끝나면 랩을 벗기고 손으로 반죽을 당기면서 90°로 돌려가며 접는다. 이 같은 접기 과정을 8회 반복한다. 접기가 끝나면 반죽이 탱탱하고 매끄러워진다.

11 접기를 마치면 랩을 씌워 실온에 15분간 두었다가 다시 ⑩번 과정의 8회 접기를 하고, 다시 15분 휴지시킨다. 저온숙성할 때는 접기-휴지 과정을 4번 반복하고, 바로 사용할 때는 5~6번 반복한다.

step 7

1차 발효시키기

12

12 완성된 반죽은 매끄럽고 탄력이 생긴다. 반죽이 마르지 않도록 랩을 씌워 25~27℃에서 30~60분간 발효시킨다. 반죽이 원래 크기에서 2배가 되면 발효가 끝난다.

step 8

나누고
중간 발효시키기

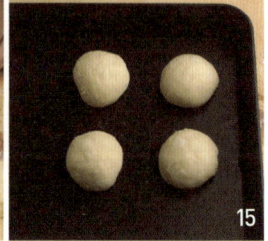

13   14   15

13 발효된 반죽에 밀가루를 살짝 뿌려 주걱으로 옆면을 조심스럽게 긁어낸 다음 뒤집어서 꺼낸다.

14 반죽을 각 레시피에 맞게 저울에 달아 나눈 다음 둥글린다. 둥글리기 할 때에는 손을 모아 반죽을 감싼 다음 반죽을 밀어 아래쪽으로 넣는다는 느낌으로 손바닥과 꼭 닿은 상태에서 둥글린다.

15 둥글리기 한 반죽을 오븐 팬에 나란히 올려 비닐을 덮어 실온에서 15~20분간 중간 발효시킨다.

step 9

모양 만들고
2차 발효시키기

16　중간 발효가 끝난 반죽은 각각의 레시피대로 모양을 내서 따뜻한 곳(30~35℃)에
　　40~50분 정도 두어 2.5배로 부풀 때까지 2차 발효시킨다.

step 10

굽기

17　발효된 반죽을 예열한 오븐에 넣고 온도와 시간에 맞게 굽는다.

빵 만들기 하루 일과

저녁 8:00	재료 달아 반죽 섞기	아침 6:00	기상
저녁 8:10	완성된 반죽 15분간 휴지시키기	아침 6:30	반죽 냉장고에서 꺼내 분할하고 중간 발효시키기 (30분간)
저녁 8:25	첫 번째 접기 후 휴지		
저녁 8:40	두 번째 접기 후 휴지	아침 7:00	모양 만들고 2차 발효시키기
저녁 8:55	세 번째 접기 후 휴지	아침 7:50	빵 굽기
저녁 9:10	마지막 접기 후 냉장고에 넣기	아침 8:10	따뜻한 빵 먹기
저녁 9:30	취침		

• 보통 12~18시간 숙성시키는 것이 원칙이나 8-9시간 발효해서 사용할 수 있다.

모닝빵

Soft rolls

200℃ | 12~15 min

11개 분량

가장 기본적인 무반죽 빵이에요. 저녁에 반죽해 다음 날 아침 바로 구워 우유와 함께 먹으면
한 끼 식사로 충분하죠. 잼을 발라 먹거나 샌드위치로 먹어도 좋아요.

재료

강력분 250g
우유 70mL
물 60mL
연유 12g
녹인 버터 30g
달걀 50g(1개)
설탕 35g
소금 5g
드라이 이스트 3g

1 **물·우유·달걀 섞기** 물과 우유, 달걀을 한데 넣어 주걱으로 잘 푼다.

2 **이스트 풀기** 달걀이 우유와 잘 섞이면 드라이 이스트를 넣어 1분간
그대로 둔다. 이스트가 가라앉기 시작하면 주걱으로 휘저어 골고루
잘 섞는다.

3 **설탕·연유·소금 섞기** ②의 액체 재료에 설탕과 연유, 소금을 넣고 주걱
으로 가볍게 섞는다.

4 **녹인 버터 섞기** 중탕으로 녹인 버터를 부어 액체 재료에 잘 퍼지도록 충분
히 섞는다.

5 **밀가루 섞어 휴지시키기** ④에 강력분을 넣고 밀가루가 보이지 않을 때까지 주걱으로 섞어 반죽한 다음, 볼에 랩을 씌우고 15~25℃의 실온에서 15분간 휴지시킨다.

6 **반죽 접기** 손에 물을 묻힌 뒤 휴지가 끝난 반죽을 잡아당겨 접고, 그릇을 90°로 돌려가며 8번 접는다. ⑤번의 휴지와 ⑥번의 접기 과정을 5회 반복한다.

7 **1차 발효시키기** 접기가 끝나 매끈해진 반죽에 다시 랩을 씌워 25~27℃에서 30~60분간 1차 발효시킨다.

날씨에 따라 이스트 양을 조절한다

무반죽 빵을 만들 때는 되도록 이스트를 적게 사용하는 것이 좋지만 달콤한 빵에서는 3g을 사용한다. 한여름에는 이스트를 반죽에 2g만 넣고 냉장고에서 오랫동안 숙성시킨다. 겨울에는 접기를 생략하려면 이스트를 1g으로 줄이고 실온에서 12~18시간 발효시켜도 된다.

8 반죽 나누고 중간 발효시키기 반죽이 2배로 부풀면 45g씩 나눈 다음 손으로 둥글려 팬 위에 놓고, 비닐을 덮어 실온에서 15분간 중간 발효시킨다.

9 달걀물 바르기 중간 발효시킨 반죽을 다시 둥글려 철판에 놓고 달걀물을 바른다.

10 2차 발효시키기 반죽에 비닐을 씌우고 따뜻한 곳(30~35℃)에 40~50분 두어 2.5배로 부풀 때까지 2차 발효시킨다. 팬을 살짝 흔들었을 때 반죽이 흔들리면 발효가 끝난 것이다.

11 굽기 오븐을 200℃로 예열시키고, 온도를 190℃로 낮추어 12~15분간 굽는다.

tip

오븐 문을 열고 닫으면서 온도가 내려가기 때문에 200℃로 예열하고 190℃에서 굽는다.

연유 버터빵

Milky Bread

190℃ | 20min

160*75*65mm
파운드 틀
2개 분량

하나씩 뜯어 먹는 재미가 있는 매력만점 빵. 반죽 겉에 버터를 발라 굽기 때문에
속이 촉촉하고 고소하지만, 오븐에서 바로 나왔을 때가 가장 맛있어요.

재료

강력분 250g
우유 70mL
물 60mL
연유 12g
녹인 버터 30g
달걀 50g(1개)
설탕 35g
소금 5g
드라이 이스트 3g

토핑

설탕 40g
녹인 버터 50g
연유 적당량

1 **물·우유·달걀 섞기** 물과 우유, 달걀을 한데 넣어 주걱으로 잘 푼다.

2 **이스트 풀기** 달걀이 우유와 잘 섞이면 드라이 이스트를 넣어 1분간
그대로 둔다. 이스트가 가라앉기 시작하면 주걱으로 휘저어 골고루
잘 섞는다.

3 **설탕·연유·소금 넣기** ②에 설탕과 연유, 소금을 넣고 주걱으로 가볍게
섞는다.

4 **버터 섞기** 중탕으로 녹인 버터를 ③에 부어 액체 재료에 잘 퍼지도록
충분히 섞는다.

5 **밀가루 섞고 휴지시키기** ④에 강력분을 넣고 밀가루가 보이지 않을 때
까지 주걱으로 섞어 반죽한 다음, 볼에 랩을 씌우고 15~25℃의 실온에서
15분간 휴지시킨다.

tip

냉장 발효할 때는 4번만 접고 냉장고에 넣어 12~18시간 저온 숙성한다.

6 **반죽 접기** 손에 물을 묻히고 휴지가 끝난 반죽을 잡아당겨 접고, 그릇을 90°로 돌려가며 8번 접는다. ⑤번의 휴지와 ⑥번의 접기 과정을 5회 반복한다.

7 **1차 발효시키기** 접기가 끝나 매끈해진 반죽에 다시 랩을 씌워 25~27℃에서 30~60분간 1차 발효시킨다.

8 **200g씩 나누기** 반죽이 2배로 부풀면 반죽을 꺼내 200g씩 나누어 둥글린 다음 편편하게 편다.

9 **중간 발효시키기** 볼이나 접시에 담고 비닐을 덮어 실온에서 15분간 중간 발효시킨다.

10 반죽 돌돌 말기 반죽을 손으로 눌러 가스를 빼면서 납작하게 눌러준 다음 돌돌 만다.

11 잘라서 설탕 묻히기 돌돌 만 반죽을 스크레이퍼로 2cm 간격으로 자른 다음 버터를 묻히고 설탕을 입힌다.

12 틀에 담기 설탕 묻힌 반죽을 파운드 틀에 차곡차곡 순서대로 넣는다.

13 2차 발효시키기 반죽이 마르지 않게 따뜻한 곳(30~35℃)에 40~50분 두어 반죽이 틀 높이의 1cm 아래까지 부풀도록 2차 발효시킨다.

14 굽기 발효된 반죽에 연유를 뿌린 다음, 190℃로 예열시킨 오븐에 넣고 온도를 180℃로 낮추어 20분간 굽는다.

tip

오븐 문을 열고 닫으면서 온도가 내려가기 때문에 190℃로 예열하고 180℃에서 굽는다.

소금빵

Salt rolls

220℃ | 15min

10개 분량

일본 에히메 현의 한 빵집에서 하루 6천 개나 판매될 정도로 인기 있는 빵이에요.
담백한 반죽에 고소한 버터를 넣어 돌돌 만 다음 소금을 살짝 뿌려 구워냈어요.
짭짤한 맛이 빵과 잘 어울려요.

재료

중력분 100g
강력분 150g
우유 100mL
물 75mL
설탕 15g
카놀라유 15g
소금 5g
드라이 이스트 2g

필링

우유버터 100g
굵은 천일염 적당량

1 **물·우유 섞기** 물과 우유를 한데 넣어 주걱으로 잘 푼다.

2 **이스트 풀기** 물과 우유가 잘 섞이면 드라이 이스트를 넣어 1분간 그대로
   둔다. 이스트가 가라앉기 시작하면 주걱으로 휘저어 골고루 잘 섞는다.

3 **설탕·소금 섞기** ②에 설탕과 소금을 넣고 주걱으로 가볍게 섞는다.

4 **카놀라유 섞기** ③에 카놀라유를 부어 기름이 액체 재료에 잘 퍼지도록
   충분히 섞는다.

tip

냉장 발효할 때는 4번만 접고 바로 냉장고에 넣어 12~18시간 저온 숙성 한다.

5 **밀가루 섞고 휴지시키기** ④에 강력분과 중력분을 넣고 밀가루가 보이지 않을 때까지 주걱으로 반죽한 뒤, 볼에 랩을 씌우고 15~25℃의 실온에서 15분간 휴지시킨다.

6 **반죽 접기** 손에 물을 묻혀 휴지가 끝난 반죽을 잡아당겨 접고, 그릇을 90°로 돌려가며 8번 접는다. ⑤와 ⑥의 휴지-접기 과정을 5회 반복한다.

7 **1차 발효시키기** 매끈해진 반죽에 다시 랩을 씌우고 25~27℃에 30~60분간 두어 1차 발효시킨다.

8 **반죽 나누고 중간 발효시키기** 반죽이 2배로 부풀면 반죽을 꺼내 45g씩 나눈 다음 둥글리고, 비닐을 덮어 실온에서 15분간 중간 발효시킨다.

9 **모양내기** 발효된 반죽을 손으로 굴려 7cm 길이의 올챙이 모양으로 만들고 비닐을 덮어둔다. 우유버터는 길게 10조각으로 자른다.

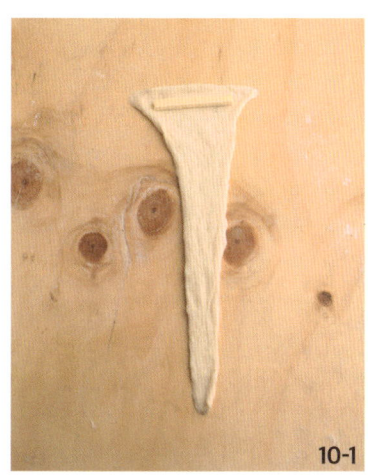

10-1   10-2   11

10 버터 넣어 말기 반죽을 밀대로 납작하게 밀고 넓은 부분에 자른 버터를
올려 넓은 면부터 끝까지 말아 번데기처럼 만든 뒤 오븐 팬에 가지런히
놓는다.

11 2차 발효시키기 따뜻한 곳(30~35℃)에 40~50분 두어 반죽이 2.5배로
부풀 때까지 2차 발효시킨다. 철판을 살짝 흔들었을 때 반죽이 흔들리면
발효가 끝난 것이다.

12 굽기 오븐에 돌을 넣어 220℃로 예열한 다음, 반죽 위에 굵은 소금을
뿌려 오븐에 넣는다. 뜨거운 물을 돌에 부어 스팀을 내고 온도를 210℃로
낮춰 15분간 굽는다.

소시지빵

Flower hot dog buns

프라이팬 사용 | 7~10 min

11개 분량

소시지를 반죽에 넣고 낙엽 모양으로 잘라 만든 소시지빵은
단팥빵, 크림빵과 함께 동네 빵집 스테디 메뉴예요. 초보자들도 쉽게 따라 할 수 있도록
오븐 없이 프라이팬에 구운 초간단 버전으로 만들었어요.

재료

강력분 250g
우유 70mL
연유 12g
녹인 버터 30g
달걀 50g(1개)
설탕 35g
소금 5g
드라이 이스트 3g
물 60mL

필링

소시지 11개
캔 옥수수 100g
마요네즈·케첩 조금씩

1 **물·우유·달걀·이스트 섞기** 물과 우유, 달걀을 한데 넣어 주걱으로 잘 푼 다음, 드라이 이스트를 넣어 1분간 그대로 둔다. 이스트가 가라앉기 시작 하면 주걱으로 휘저어 골고루 잘 섞는다.

2 **설탕·연유·소금·버터 섞기** ①에 설탕과 연유, 소금을 넣고 주걱으로 가볍 게 섞은 다음, 녹인 버터를 부어 액체 재료에 잘 퍼지도록 충분히 섞는다.

3 **밀가루 섞고 휴지시키기** ②에 강력분을 넣고 밀가루가 보이지 않을 때 까지 주걱으로 섞어 반죽한 다음, 볼에 랩을 씌우고 15~25℃의 실온에서 15분간 휴지시킨다.

4 **반죽 접기** 손에 물을 묻혀 휴지가 끝난 반죽을 잡아당겨 접고, 그릇을 90°로 돌려가며 8번 접는다. ③과 ④의 휴지-접기 과정을 5회 반복한다.

tip

냉장 발효할 때는 4번만 접고 바로 냉장고에 넣어 12~18시간 저온 숙성 한다.

5 **1차 발효시키기** 매끈해진 반죽에 다시 랩을 씌우고 25~27℃에 30~60분
간 두어 1차 발효시킨다.

6 **45g씩 나누기** 반죽이 2배로 부풀면 반죽을 꺼내 45g씩 나눠 둥글린다.

7 **중간 발효시키기** 반죽에 비닐을 덮어 실온에서 15분간 중간 발효시킨다.

8 **소시지 올려 감싸기** 발효된 반죽을 손으로 눌러 가스를 뺀 다음 길게 늘리
고, 가운데에 소시지를 올린 뒤 감싸서 돌돌 만다.

9 **낙엽 모양 만들기** 소시지 넣은 반죽을 가위로 지그재그 잘라 낙엽 모양
   으로 팬에 올린다.

10 **2차 발효시키기** 팬 뚜껑을 덮어 따뜻한 곳(30~35℃)에 40~50분 두어
   반죽이 2배로 부풀 때까지 2차 발효시킨다.

11 **굽기** 팬 뚜껑을 덮은 채로 아주 약한 불에 올려 5~7분간 굽다가 뚜껑에
   수증기가 맺히면 빵 반죽을 살짝 들어 굽기 상태를 확인한다. 노릇노릇하
   면 뒤집어 다시 뚜껑을 덮고 2~3분간 굽는다.

12 **장식하기** 빵 가운데에 옥수수를 올린 다음 마요네즈와 케첩을 지그재그
   로 뿌려 장식한다.

프라이팬에 빵을 구울 때 주의할 점은?

빵을 프라이팬에 구울 때는 2차 발효를 많이 하면 뒤집는 도중에 쉽게 찌그러진다.
오븐에 굽는 것보다 발효가 덜 된 상태에서 굽는 것이 좋다. 프라이팬 대신 오븐을
사용할 경우 토핑과 마요네즈, 케첩을 뿌린 다음 190℃에서 12~15분간 굽는다.

생크림 단팥빵

Sweet red bean bun with cream

200℃ | 12~15 min

10개 분량

달콤한 단팥빵에 생크림을 듬뿍 넣어 두 가지 맛이 나는 빵. 단맛이 지나치지 않도록
생크림은 담백하게 만들었어요. 냉장고에 넣어두었다가 차갑게 먹으면 두 배 더 맛있어요.

재료

강력분 250g
우유 70mL
물 60mL
연유 12g
녹인 버터 30g
달걀 50g(1개)
설탕 35g
소금 5g
드라이 이스트 3g
검은깨 적당량

필링

생크림 200g
설탕 12g
팥앙금 300g

tip

냉장 발효할 때는 4번만 접고 바로
냉장고에 넣어 12~18시간 저온 숙성
한다.

1 **물·우유·달걀·이스트 섞기** 물과 우유, 달걀을 한데 넣어 주걱으로 잘
  풀고, 드라이 이스트를 넣어 1분간 그대로 둔다. 이스트가 가라앉기 시작
  하면 주걱으로 휘저어 골고루 잘 섞는다.

2 **설탕·연유·소금·버터 섞기** ①에 설탕과 연유, 소금을 넣고 주걱으로 가볍
  게 섞은 다음, 녹인 버터를 부어 액체 재료에 잘 퍼지도록 충분히 섞는다.

3 **밀가루 섞고 휴지시키기** ②에 강력분을 넣고 밀가루가 보이지 않을 때
  까지 주걱으로 섞어 반죽한 다음, 볼에 랩을 씌우고 15~25℃의 실온에서
  15분간 휴지시킨다.

4 **반죽 접기** 손에 물을 묻혀 휴지가 끝난 반죽을 잡아당겨 접고, 그릇을
  90°로 돌려가며 8번 접는다. ③과 ④의 휴지-접기 과정을 5회 반복한다.

5 **1차 발효시키기** 매끈해진 반죽에 다시 랩을 씌우고 25~27℃에 30~60분간
  두어 1차 발효시킨다.

6 **반죽 나누고 중간 발효시키기** 반죽이 2배로 부풀면 반죽을 꺼내 50g씩 나누어 둥글리고, 비닐을 덮어 실온에서 15분간 중간 발효시킨다.

7 **팥앙금 넣기** 반죽을 손으로 눌러 가스를 뺀 다음, 속에 팥앙금 30g을 넣어 감싸고 철판에 가지런히 놓는다.

8 **2차 발효시키기** 반죽 겉에 달걀물을 바르고 검은깨를 뿌린 다음, 따뜻한 곳(30~35℃)에 40~50분 두어 반죽이 2.5배로 부풀 때까지 2차 발효시킨 다. 철판을 살짝 흔들었을 때 반죽이 흔들리면 발효가 끝난 것이다.

9 **굽기** 오븐을 200℃로 예열시킨 다음, 발효된 반죽을 오븐에 넣고 온도를 190℃로 낮추어 12~15분간 구워 식힌다. 충분히 식으면 옆면에 젓가락 으로 구멍을 낸다.

tip

오븐 문을 열고 닫으면서 온도가 내려가기 때문에 200℃로 예열하고 190℃에서 굽는다.

10 **생크림 만들기** 생크림과 설탕을 섞어 단단하게 거품을 만든 다음 짤주머니에 담는다.

11 **생크림 넣기** 빵이 약간 부푸는 느낌이 들 때까지 구멍으로 생크림을 짜 넣는다.

tip

생크림에 바닐라에센스나 오렌지 리큐르를 약간 넣으면 우유의 비린 맛이 줄고, 커스터드 크림 80g을 섞으면 더 진한 맛을 낼 수 있다.

팥앙금 만들기

팥 500g, 설탕 350g, 소금 4g

팥을 깨끗이 씻고 팥 주름이 펴질 때까지 삶은 다음 물을 버리고 새 물을 넣어 다시 끓인다. 약불로 줄여 뭉근하게 끓이다가 팥이 물러지면 설탕과 소금을 넣고, 걸쭉해지면 불을 끄고 식힌다.

식빵

No-knead pan bread

190℃ | 30min
215*95*95mm
식빵 틀
1개 분량

반죽을 잘 치댈수록 빵이 맛있지만 집에서 손으로만 치대는 것은 쉽지 않아요.
몇 번의 접기만으로 간단하게 식빵을 만들어보세요. 글루텐이 자연스럽게 생겨 소화가 잘 된답니다.

재료

강력분 250g
우유 100mL
물 75mL
설탕 15g
카놀라유 15g
소금 5g
드라이 이스트 2g

1 **물·우유 섞기** 물과 우유를 한데 넣어 주걱으로 잘 푼다.

2 **이스트 풀기** 물과 우유가 잘 섞이면 드라이 이스트를 넣어 1분간 그대로
  둔다. 이스트가 가라앉기 시작하면 주걱으로 휘저어 골고루 잘섞는다.

3 **설탕·소금 넣기** ②에 설탕과 소금을 넣고 주걱으로 가볍게 섞는다.

4 **카놀라유 섞기** ③에 카놀라유를 부어 액체 재료에 기름이 잘 퍼지도록
  충분히 섞는다.

5 밀가루 섞고 휴지시키기 ④에 강력분을 넣고 밀가루가 보이지 않을 때
까지 주걱으로 섞어 반죽한 다음, 볼에 랩을 씌우고 15~25℃의 실온에서
15분간 휴지시킨다.

6 반죽 접기 손에 물을 묻혀 휴지가 끝난 반죽을 잡아당겨 접고, 그릇을
90°로 돌려가며 8번 접는다. ⑤와 ⑥의 휴지-접기 과정을 5회 반복한다.

7 1차 발효시키기 매끈해진 반죽에 다시 랩을 씌우고 25~27℃에 30~60분
간 두어 1차 발효시킨다.

8 3등분해서 중간 발효시키기 반죽이 2배로 부풀면 반죽을 꺼내 3등분해서
둥글리고, 비닐을 덮어 실온에서 15분간 중간 발효시킨다.

9 **모양내기** 발효된 반죽을 밀대로 밀어 길쭉하게 편 다음 위아래를 가운데 서 만나도록 접고, 양끝을 돌돌 말아 끝 부분을 붙인다. 붙인 부분을 아래 로 두고 식빵틀에 나란히 담는다.

10 **2차 발효시키기** 반죽이 마르지 않게 따뜻한 곳(30~35℃)에 40~50분 두어 반죽이 식빵틀 높이 1cm 아래만큼 부풀 때까지 2차 발효시킨다.

tip

오븐 문을 열고 닫으면서 온도가 내려가기 때문에 190℃로 예열하고 180℃에서 굽는다.

11 **굽기** 발효된 반죽을 190℃로 예열한 오븐에 넣고, 온도를 180℃로 낮춰 30분간 굽는다.

식빵을 맛있게 구우려면

식빵을 구울 때는 가정용 오븐 가장 아래칸에 두어야 아랫면 색이 더 잘 난다. 식빵 윗면이 열선과 가까워 굽는 시간보다 색이 빨리 나면 위쪽 히터를 약하게 조절하거 나 유산지를 덮어 굽는다.

팥 녹차 식빵

Green tea pan bread with sweet red bean paste

190℃ | 30min

215*95*95mm
식빵 틀
1개 분량

은은한 녹차와 팥이 잘 어울려요. 한입 베어 물면 깔끔한 녹차 향이
입 속에 퍼진답니다. 따뜻한 녹차를 곁들이면 출출할 때 간식으로 안성맞춤이에요.

재료

강력분 245g
두유 100mL
물 75mL
설탕 15g
카놀라유 15g
녹차가루 5g
소금 5g
드라이 이스트 2g

필링

팥앙금 200g

1 **물·두유 섞기** 물과 두유를 한데 넣어 주걱으로 잘 푼다.

2 **이스트 풀기** 물과 두유가 잘 섞이면 드라이 이스트를 넣어 1분간 그대
로 둔다. 이스트가 가라앉기 시작하면 주걱으로 휘저어 골고루 잘 섞
는다.

시판 팥앙금 사용하기

팥을 삶아서 팥앙금을 직접 만드는 게 번거롭다면 시판 팥앙금을 사용해도 된다. 이때
팥앙금은 팥 알갱이가 살아있는 것보다 고운 팥앙금을 고른다. 그래야 반죽에 팥앙금
을 고루 펴서 돌돌 말 때 울퉁불퉁하지 않고 모양이 잘 나온다.
팥앙금을 만들 때는 팥과 설탕의 양을 1.5:1 정도로 잡고, 소금을 1작은술 정도 첨가한
다. 충분히 삶아지면 믹서에 곱게 갈아 사용한다.

3 **카놀라유·설탕·소금·녹차가루 섞기** ②에 설탕과 소금, 녹차가루를 넣고
잘 섞은 다음, 카놀라유를 부어 충분히 섞는다.

4 **밀가루 섞어 반죽하기** ③에 강력분을 넣고 반죽한 다음, 볼에 랩을 씌우고
15~25℃의 실온에서 15분간 휴지시킨다.

5 **반죽 접기** 휴지가 끝나면 반죽을 잡아당겨 접고, 그릇을 90°로 돌려가며
8번 접는다. ④와 ⑤의 휴지-접기 과정을 5회 반복한다.

6 **1차 발효시키기** 매끈해진 반죽에 다시 랩을 씌우고 25~27℃에 30~60분
간 두어 1차 발효시킨다.

tip
냉장 발효할 때는 4번만 접고 바로
냉장고에 넣어 12~18시간 저온 숙성
한다.

7 **팥앙금 넣고 말기** 반죽이 2배로 부풀면 밀대로 넓게 밀어 가스를 빼고,
　 팥앙금을 골고루 펴서 돌돌 말아 이음새를 아래로 두고 식빵틀에 넣는다.

8 **2차 발효시켜서 굽기** 따뜻한 곳(30~35℃)에 40~50분 두어 반죽이 식빵
　 틀 높이 1cm 아래만큼 부풀 때까지 2차 발효시킨 다음, 190℃로 예열시킨
　 오븐에 넣고 온도를 180℃로 낮춰 30분간 굽는다.

tip

오븐 문을 열고 닫으면서 온도가 내
려가기 때문에 190℃로 예열하고
180℃에서 굽는다.

치즈 식빵

Cheesy pan bread

190℃ | 30min

215*95*95mm
식빵 틀
1개 분량

기본 식빵 반죽에 체다치즈를 넣어 만들어 고소한 치즈 냄새가 매력이에요.
체다치즈 대신 고르곤졸라, 까망베르를 취향에 따라 응용해서 넣을 수 있어요.

재료

강력분 250g
우유 100mL
물 75mL
설탕 15g
카놀라유 15g
소금 5g
드라이 이스트 2g

필링

큐브형 체다치즈 180g

1 **물·우유 섞기** 물과 우유를 한데 넣어 주걱으로 잘 푼다.

2 **이스트 풀기** 물과 우유가 잘 섞이면 드라이 이스트를 넣어 1분간 그대로
둔다. 이스트가 가라앉기 시작하면 주걱으로 휘저어 골고루 잘 섞는다.

3 **설탕·소금 섞기** ②에 설탕과 소금을 넣고 주걱으로 가볍게 섞는다.

4 **카놀라유 섞기** ③에 카놀라유를 부어 기름이 액체 재료에 잘 퍼지도록
충분히 섞는다.

5 밀가루 섞고 휴지시키기 ④에 강력분을 넣고 밀가루가 보이지 않을 때
까지 주걱으로 섞어 반죽한 다음, 볼에 랩을 씌우고 15~25℃의 실온에서
15분간 휴지시킨다.

6 반죽 접기 손에 물을 묻혀 휴지가 끝난 반죽을 잡아당겨 접고, 그릇을
90°로 돌려가며 8번 접는다. ⑤와 ⑥의 휴지-접기 과정을 5회 반복한다.

7 1차 발효시키기 매끈해진 반죽에 다시 랩을 씌우고 25~27℃에 30~60분
간 두어 1차 발효시킨다.

8 중간 발효시키기 반죽이 2배로 부풀면 반죽을 꺼내 둥글리고, 비닐을 덮어 실온에서 15분간 중간 발효시킨다.

9 치즈 넣기 발효된 반죽을 밀대로 넓게 밀어 가스를 뺀다. 체다치즈를 사방 1cm 주사위 모양으로 잘라 골고루 넣고 돌돌 말아 붙인 면을 아래로 식빵 틀에 넣는다.

10 2차 발효시키기 반죽이 마르지 않게 따뜻한 곳(30~35℃)에 40~50분 두어 반죽이 식빵틀 높이 1cm 아래만큼 부풀 때까지 2차 발효시킨다.

11 굽기 발효된 반죽을 190℃로 예열시킨 오븐에 넣고, 오븐 온도를 180℃ 로 낮춰 30분간 굽는다.

tip

오븐 문을 열고 닫으면서 온도가 내려가기 때문에 190℃로 예열하고 180℃에서 굽는다.

홍차 사과빵

Black tea & apple bread

190℃ | 20min

160*75*65mm
파운드 틀
2개 분량

홍차를 넣은 달콤한 반죽에 홍차에 졸인 사과를 가득 올려 구운 향긋한 홍차 사과빵.
티타임에 홍차와 함께 곁들이는 차로 잘 어울려요. 어른들께 선물로 드리기도 좋답니다.

재료

강력분 250g
우유 70mL
뜨거운 물 100mL
연유 12g
녹인 버터 30g
달걀 50g(1개)
설탕 35g
소금 5g
드라이 이스트 3g
얼그레이 홍차티백 1개

필링

물 50mL
사과 2/3개(200g)
설탕 100g
얼그레이 홍차잎 5g

tip

홍차잎 입자를 그대로 살리기 위해
봉지를 개봉해 우린다.

tip

냉장 발효할 때는 4번만 접고 바로
냉장고에 넣어 12~18시간 저온 숙성
한다.

1 **홍차물 만들기** 뜨거운 물에 얼그레이 홍차 티백(2g) 1개를 개봉해 넣어 우린 다음 식힌다.

2 **물·우유·달걀·이스트 섞기** 물과 우유, 달걀을 한데 넣어 주걱으로 잘 풀고, 드라이 이스트를 넣어 1분간 그대로 둔다. 이스트가 가라앉기 시작하면 주걱으로 휘저어 골고루 잘 섞는다.

3 **설탕·연유·소금·버터 섞기** ②에 설탕과 연유, 소금을 넣고 주걱으로 가볍게 섞은 다음, 녹인 버터를 부어 액체 재료에 잘 퍼지도록 충분히 섞는다.

4 **밀가루 섞고 휴지시키기** ③에 강력분을 넣고 밀가루가 보이지 않을 때까지 주걱으로 섞어 반죽한 다음, 볼에 랩을 씌우고 15~25℃의 실온에서 15분간 휴지시킨다.

5 **반죽 접기** 손에 물을 묻혀 휴지가 끝난 반죽을 잡아당겨 접고, 그릇을 90°로 돌려가며 8번 접는다. ④와 ⑤의 휴지-접기 과정을 5회 반복한다.

6 **1차 발효시키기** 매끈해진 반죽에 다시 랩을 씌우고 25~27℃에 30~60분 간 두어 1차 발효시킨다.

7 **시럽 만들기** ①에서 만든 홍차물을 냄비에 붓고 사과를 제외한 나머지 필링 재료를 넣어 끓인다.

8 **사과 조리기** 사과 껍질을 벗겨 1.5cm 크기의 주사위 모양으로 자른 다음, 시럽이 담긴 냄비에 넣고 조린다. 약불에서 물기가 없어질 때까지 조린 다음 식힌다.

9 **중간 발효시키기** 반죽이 2배로 부풀면 반죽을 꺼내 200g씩 나누어 둥글 리고, 비닐을 덮어 실온에서 15분간 중간 발효시킨다.

10 **반죽에 사과조림 올리기** 중간 발효된 반죽을 밀대로 밀어 홍차사과조림 을 골고루 올린다.

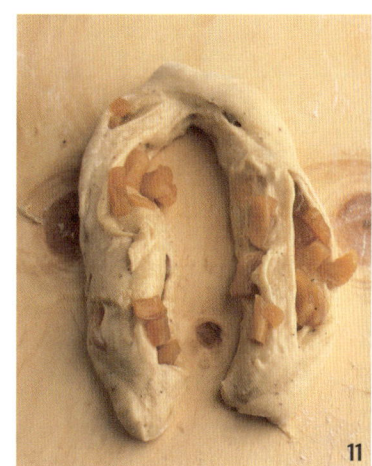 

11 **반죽 말아 꼬기** 반죽을 길게 말아 잘 아무린 다음, 스크레이퍼를 이용해 똑같은 길이로 잘라 두 반죽을 꼬아놓는다.

12 **2차 발효시키기** 반죽을 틀에 담고 겉면이 마르지 않게 따뜻한 곳(30~35℃)에 40~50분간 두어 2차 발효시킨다. 반죽이 틀 높이의 1cm 아래까지 부풀면 된다.

13 **굽기** 오븐을 190℃로 예열시킨 다음, 발효된 반죽에 연유를 뿌려 오븐에 넣고 온도를 180℃로 낮추어 20분간 굽는다.

tip

오븐 문을 열고 닫으면서 온도가 내려가기 때문에 190℃로 예열하고 180℃에서 굽는다.

통밀 소보로

Wholemeal soboro buns

200℃ | 12~15 min

11개 분량

땅콩 향이 솔솔 나는 크럼블 반죽에 통밀가루를 섞어 구수한 맛과 영양을 살렸어요.
크럼블 반죽은 한번 만들어두면 냉장고에서 3일까지 보관 가능해서 다른 빵에도 쓸 수 있어요.

재료

강력분 250g
우유 70mL
물 60mL
연유 12g
녹인 버터 30g
달걀 50g(1개)
설탕 35g
소금 5g
드라이 이스트 3g

크럼블(소보로)

중력분 100g
통밀가루 50g
버터 65g
설탕 75g
달걀 50g(1개)
땅콩버터 1큰술
꿀 1작은술

1 **물·우유·달걀 섞기** 물과 우유, 달걀을 한데 넣어 주걱으로 잘 푼다.

2 **이스트 풀기** 달걀이 우유와 잘 섞이면 드라이 이스트를 넣어 1분간 그대로 둔다. 이스트가 가라앉기 시작하면 주걱으로 휘저어 골고루 잘 섞는다.

3 **설탕·연유·소금 넣기** ②에 설탕과 연유, 소금을 넣고 주걱으로 가볍게 섞는다.

4 **버터 섞기** 중탕으로 녹인 버터를 ③에 부어 액체 재료에 잘 퍼지도록 충분히 섞는다.

tip

냉장 발효할 때는 4번만 접고 바로
냉장고에 넣어 12~18시간 저온 숙성
한다.

5 밀가루 섞고 휴지시키기 ④에 강력분을 넣고 주걱으로 섞어 반죽한
다음, 볼에 랩을 씌우고 15~25℃의 실온에서 15분간 휴지시킨다.

6 반죽 접기 휴지가 끝난 반죽을 잡아당겨 접고, 그릇을 90°로 돌려가며
8번 접는다. ⑤와 ⑥의 휴지-접기 과정을 5회 반복한다.

7 1차 발효시키기 매끈해진 반죽에 다시 랩을 씌우고 25~27℃에 30~60분
간 두어 1차 발효시킨다.

8 반죽 나누고 중간 발효시키기 반죽이 2배로 부풀면 반죽을 꺼내 45g씩
나눠 둥글리고, 비닐을 덮어 실온에서 15분간 중간 발효시킨다.

9 **크럼블 만들기** 버터, 땅콩버터를 잘 섞고 설탕, 꿀을 넣어 거품기로 젓는다. 달걀을 조금씩 넣어 젓다가 중력분, 통밀가루를 마저 섞고 손으로 비벼 보슬보슬하게 한다.

10 **크럼블 묻히기** 발효된 반죽을 다시 한 번 매끄럽게 둥글려 물에 살짝 담가 물을 묻힌 다음 크럼블을 골고루 입히고 오븐 팬에 가지런히 놓는다.

11 **2차 발효시키기** 따뜻한 곳(30~35℃)에 40~50분 두어 반죽이 2.5배로 부풀 때까지 2차 발효시킨다. 철판을 살짝 흔들었을 때 반죽이 흔들리면 발효가 끝난 것이다.

12 **굽기** 발효된 반죽을 200℃로 예열한 오븐에 넣고 온도를 190℃로 낮추어 12~15분간 굽는다.

tip
오븐 문을 열고 닫으면서 온도가 내려가기 때문에 200℃로 예열하고 190℃에서 굽는다.

시나몬 롤

Cinnamon rolls

200℃ 12~15 min

9개 분량

얇게 민 기본 반죽에 계피설탕과 믹스 필을 듬뿍 올려 은은한 향이 물씬 나는 시나몬 롤.
견과류를 좋아한다면 호두, 피칸, 크랜베리를 넣어 씹는 맛을 살려도 좋아요.

재료

강력분 250g
우유 70mL
물 60mL
연유 12g
녹인 버터 30g
달걀 50g(1개)
설탕 35g
소금 5g
드라이 이스트 3g

필링

설탕 50g
계핏가루 5g
녹인 버터 15g
믹스 필 30g

아이싱

달걀흰자 1개분
슈거파우더 130g
레몬즙 1/4작은술

tip
냉장 발효할 때는 4번만 접고 바로
냉장고에 넣어 12~18시간 저온 숙성
한다.

1 **물·우유·달걀·이스트 섞기** 물과 우유, 달걀을 한데 넣어 주걱으로 잘 풀고, 드라이 이스트를 넣어 1분간 그대로 둔다. 이스트가 가라앉기 시작 하면 주걱으로 휘저어 골고루 잘 섞는다.

2 **설탕·연유·소금·버터 섞기** ①에 설탕과 연유, 소금을 넣고 주걱으로 가볍 게 섞은 다음, 녹인 버터를 부어 액체 재료에 잘 퍼지도록 충분히 섞는다.

3 **밀가루 섞고 휴지시키기** ②에 강력분을 넣고 밀가루가 보이지 않을 때 까지 주걱으로 섞어 반죽한 다음, 볼에 랩을 씌우고 15~25℃의 실온에서 15분간 휴지시킨다.

4 **반죽 접기** 손에 물을 묻혀 휴지가 끝난 반죽을 잡아당겨 접고, 그릇을 90°로 돌려가며 8번 접는다. ③과 ④의 휴지-접기 과정을 5회 반복한다.

5 1차 발효시키기 매끈해진 반죽에 다시 랩을 씌우고 25~27℃에 30~60분
간 두어 1차 발효시킨다.

6 필링 재료 섞기 필링 재료 중 믹스 필을 제외한 나머지 재료를 섞는다.
먼저 설탕, 계핏가루를 섞고, 여기에 녹인 버터를 넣어 잘 섞는다.

7 반죽 밀기 반죽이 2배로 부풀면 꺼내 밀가루를 뿌린 작업대에 올린 다음,
밀대로 25×30cm 크기의 직사각형으로 밀어 편다.

8 반죽 말기 반죽 위에 ⑥의 계피설탕과 믹스 필을 골고루 뿌린 뒤 돌돌
말아 끝을 아무린다.

9-1   9-2   11

9 9등분해 유산지 컵에 담기 붙인 부분을 아래쪽으로 놓고 스크레이퍼로 9등분한 다음 유산지 컵에 하나씩 담아 팬 위에 올린다.

10 2차 발효시키기 반죽이 마르지 않게 따뜻한 곳(30~35℃)에 40~50분 두어 반죽이 2.5배로 부풀 때까지 2차 발효시킨다. 철판을 살짝 흔들었을 때 반죽이 흔들리면 발효가 끝난 것이다.

tip

오븐 문을 열고 닫으면서 온도가 내려가기 때문에 200℃로 예열하고 190℃에서 굽는다.

11 굽기 오븐을 200℃로 예열시킨 다음, 발효된 반죽을 오븐에 넣고 온도를 190℃로 낮추어 12~15분간 굽는다.

12 장식하기 슈거파우더와 달걀흰자를 덩어리지지 않게 섞은 다음 레몬 즙을 넣어 아이싱을 만든다. 끈적한 상태가 되면 작은 짤주머니에 담아 빵이 식기 전에 지그재그로 뿌린다.

유자 크림치즈빵

Yuzu cream cheese buns

200℃ | 12~14 min

11개 분량

부드러운 크림치즈에 향긋한 유자청을 넣어 상큼함을 더했어요.
유자청으로만 단맛을 내서 입안에 남는 깔끔한 느낌이 유자 크림치즈빵의 매력이에요.

재료

강력분 250g
우유 70mL
물 60mL
연유 12g
녹인 버터 30g
달걀 50g(1개)
설탕 35g
소금 5g
드라이 이스트 3g
파르메산 치즈 적당량

유자크림

크림치즈 250g
유자청 90g

1 **물·우유·달걀 섞기** 물과 우유, 달걀을 한데 넣어 주걱으로 잘 푼다.

2 **이스트 풀기** 달걀이 우유와 잘 섞이면 드라이 이스트를 넣어 1분간 그대로 둔다. 이스트가 가라앉기 시작하면 주걱으로 휘저어 골고루 잘 섞는다.

3 **설탕·연유·소금 넣기** ②에 설탕과 연유, 소금을 넣고 주걱으로 가볍게 섞는다.

4 **버터 섞기** 중탕으로 녹인 버터를 ③에 부어 액체 재료에 잘 퍼지도록 충분히 섞는다.

5 **밀가루 섞고 휴지시키기** ④에 강력분을 넣고 밀가루가 보이지 않을 때까지 주걱으로 섞어 반죽한 다음, 볼에 랩을 씌우고 15~25℃의 실온에서 15분간 휴지시킨다.

tip

냉장 발효할 때는 4번만 접고 바로 냉장고에 넣어 12~18시간 저온 숙성 한다.

6 **반죽 접기** 손에 물을 묻혀 휴지가 끝난 반죽을 잡아당겨 접고, 그릇을 90°로 돌려가며 8번 접는다. ⑤와 ⑥의 휴지-접기 과정을 5회 반복한다.

7 **1차 발효시키기** 매끈해진 반죽에 다시 랩을 씌우고 25~27℃에 30~60분 간 두어 1차 발효시킨다.

8 **유자크림 만들기** 크림치즈는 미리 꺼내 부드럽게 만든 뒤 유자청을 넣어 섞는다.

9 **중간 발효시키기** 반죽이 2배 정도 부풀면 반죽을 꺼내 45g씩 나누어 둥글리고, 비닐을 덮어 실온에서 15분간 중간 발효시킨다.

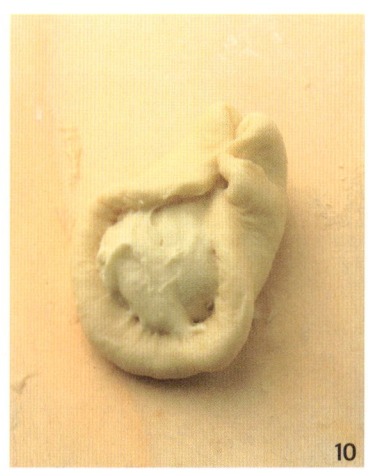

10 **유자크림 넣기** 반죽을 손으로 눌러 가스를 뺀 다음 밀대로 납작하게 밀고, 가운데 유자크림을 30g씩 넣어 감싸고 오븐 팬에 가지런히 놓는다.

11 **2차 발효시키기** 따뜻한 곳(30~35℃)에 40~50분 두어 반죽이 2.5배 정도 부풀 때까지 2차 발효시킨 뒤 반죽 위에 파마산 치즈가루를 뿌린다. 철판을 흔들어 반죽이 흔들리면 발효가 끝난 것이다.

12 **굽기** 발효가 끝난 반죽을 200℃로 예열한 오븐에 넣고 190℃로 온도를 낮추어 12~14분간 굽는다.

tip

오븐 문을 열고 닫으면서 온도가 내려가기 때문에 200℃로 예열하고 190℃에서 굽는다.

찹쌀떡빵

Mochi buns with sweet red bean paste

200℃ | 12~15 min

11개 분량

부드러운 빵 반죽 속에 쫄깃한 찰떡을 넣어 구운 색다른 빵이에요. 만드는 법이 간단해
초보자도 뚝딱 만들 수 있어요. 더 건강하게 먹고 싶다면 직접 만든 찹쌀떡을 넣어보세요.

재료

강력분 250g
우유 70mL
물 60mL
연유 12g
녹인 버터 30g
달걀 50g(1개)
설탕 35g
소금 5g
드라이 이스트 3g

필링

찹쌀떡 11개

1 **물·우유·달걀·이스트 섞기** 물과 우유, 달걀을 한데 넣어 주걱으로 잘 풀고, 드라이 이스트를 넣어 1분간 그대로 둔다. 이스트가 가라앉기 시작하면 주걱으로 휘저어 골고루 잘 섞는다.

2 **설탕·연유·소금·버터 섞기** ①에 설탕과 연유, 소금을 넣고 주걱으로 가볍게 섞은 다음, 녹인 버터를 부어 액체 재료에 잘 퍼지도록 충분히 섞는다.

3 **밀가루 섞고 휴지시키기** ②에 강력분을 넣고 밀가루가 보이지 않을 때까지 주걱으로 섞어 반죽한 다음, 볼에 랩을 씌우고 15~25℃의 실온에서 15분간 휴지시킨다.

4 **반죽 접기** 손에 물을 묻혀 휴지가 끝난 반죽을 잡아당겨 접고, 그릇을 90°로 돌려가며 8번 접는다. ③번의 휴지와 ④번의 접기 과정을 5회 반복한다.

tip
냉장 발효할 때는 4번만 접고 바로
냉장고에 넣어 12~18시간 저온 숙성
한다.

5 **1차 발효시키기** 매끈해진 반죽에 다시 랩을 씌우고 25~27℃에 30~60분
　간 두어 1차 발효시킨다.

6 **반죽 나누고 중간 발효시키기** 반죽이 2배 정도로 부풀면 반죽을 꺼내
　45g씩 나눠 둥글리고, 팬에 올린 채 비닐을 덮어 실온에서 15분간 중간
　발효시킨다.

7 **찹쌀떡 싸기** 발효된 반죽을 손으로 눌러 가스를 뺀 다음, 가운데 찹쌀떡
　을 1개씩 넣고 오므려서 오븐 팬에 가지런히 놓는다.

8 **2차 발효시키기** 반죽이 마르지 않게 따뜻한 곳(30~35℃)에 40~50분
　두어 반죽이 2.5배 정도 부풀 때까지 2차 발효시킨다. 팬을 살짝 흔들었을
　때 반죽이 흔들리면 발효가 끝난 것이다.

9 **굽기** 발효된 반죽 윗면에 2번 가위집을 내주고 달걀물을 바른 다음
　200℃로 예열한 오븐에 넣고 온도를 190℃로 낮추어 12~15분간 굽는다.

tip

오븐 문을 열고 닫으면서 온도가
내려가기 때문에 200℃로 예열하고
190℃에서 굽는다.

수제 찹쌀떡 만들기

재료

습식 찹쌀가루 400g
설탕 30g
트리몰린 15g
올리고당 30g
팥앙금 500g
소금 4g
전분 약간
물 60mL

1 **수분 조절하기** 찹쌀가루에 소금을 넣어 간하고 물을 조금씩 넣으면서 잘 섞는다.

2 **찌기** 가루를 쥐었을 때 뭉쳐지고 다시 쥐었을 때 풀어지는 정도가 되면 증기가 오르는 찜기
에 넣고 20분간 찐다.

3 **나머지 재료 섞기** 찹쌀이 잘 익으면 반죽기에 넣고 설탕, 트리몰린, 올리고당과 물을 넣어 치
댄다. 반죽기가 없으면 주걱으로 재빠르게 돌려가며 재료가 골고루 섞이고 끈기가 생길 때까
지 5~8분간 치댄다.

4 **앙금 넣기** 작업대에 전분을 뿌린 다음, 찹쌀 반죽을 40g씩 나누어 앙금 50g씩을 넣어 감싼다.

영양 콩빵

Nutritious black bean buns

200℃ | 15~18 min

9개 분량

입에서 톡톡 씹히는 검은콩으로 맛과 영양 두 가지를 모두 갖춘 빵이에요.
입맛에 따라 강낭콩, 완두콩, 검은콩 등 좋아하는 콩을 삶아 섞어줘도 좋아요.

재료

강력분 250g
우유 100mL
물 75mL
설탕 15g
카놀라유 15g
소금 5g
드라이 이스트 2g

필링

삶은 콩 100g

1 **물·우유 섞기** 물과 우유를 한데 넣어 주걱으로 잘 푼다.

2 **이스트 풀기** 물과 우유가 잘 섞이면 드라이 이스트를 넣어 1분간 그대로 둔다. 이스트가 가라앉기 시작하면 주걱으로 휘저어 골고루 잘 섞는다.

3 **설탕·소금 섞기** ②에 설탕과 소금을 넣고 주걱으로 가볍게 섞는다.

4 **카놀라유 섞기** ③에 카놀라유를 부어 기름이 액체 재료에 잘 퍼지도록 충분히 섞는다.

tip

냉장 발효할 때는 4번만 접고 바로
냉장고에 넣어 12~18시간 저온 숙성
한다.

5 밀가루 섞기 ④에 강력분을 넣고 밀가루가 보이지 않을 때까지 주걱으로
섞어 반죽한다.

6 휴지시키기 볼에 랩을 씌우고 15~25℃의 실온에서 15분간 휴지시킨다.

7 반죽 접기 손에 물을 묻혀 휴지가 끝난 반죽을 잡아당겨 접고, 그릇을
90°로 돌려가며 8번 접는다. ⑥과 ⑦의 휴지-접기 과정을 5회 반복한다.

8 1차 발효시키기 매끈해진 반죽에 다시 랩을 씌우고 25~27℃에 30~60분
간 두어 1차 발효시킨다.

9 **콩 넣기** 반죽이 2배로 부풀면 반죽을 꺼내 밀대로 넓게 밀어 가스를 뺀 다음, 삶은 콩을 골고루 펴서 넣고 돌돌 말아 스크레이퍼로 9등분해서 머핀 틀에 담는다.

10 **2차 발효시키기** 반죽이 마르지 않게 따뜻한 곳(30~35℃)에 40~50분 두어 반죽이 머핀 틀보다 1cm 높게 부풀 때까지 2차 발효시킨다.

11 **굽기** 발효된 반죽을 200℃의 오븐에 넣고 온도를 190℃로 낮춰 15~18분 간 굽는다.

tip

오븐 문을 열고 닫으면서 온도가 내려가기 때문에 200℃로 예열하고 190℃에서 굽는다.

비엔누아 프랑보아즈

Pain viennois à la crème framboise

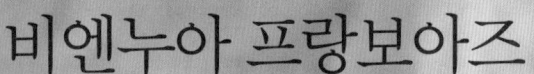

200℃ | 12min

11개 분량

오스트리아에서 처음 만들어져 '비엔누아'라는 이름이 붙었어요.
프랑스에서는 설탕, 달걀, 우유, 버터가 듬뿍 들어간 부드러운 빵을 통틀어 '비엔누아즈'라고 불러요.
촉촉한 빵에 달콤한 산딸기잼과 버터크림을 넣어 만들어보세요.

재료

강력분 250g
우유 70mL
물 60mL
연유 12g
녹인 버터 30g
달걀 50g(1개)
설탕 35g
소금 5g
드라이 이스트 3g

필링

버터 130g
연유 50g
슈거파우더 20g
산딸기잼 적당량

tip

냉장 발효할 때는 4번만 접고 바로
냉장고에 넣어 12~18시간 저온 숙성
한다.

1 **물·우유·달걀·이스트 섞기** 물과 우유, 달걀을 한데 넣어 주걱으로 잘 풀고, 드라이 이스트를 넣어 1분간 그대로 둔다. 이스트가 가라앉기 시작하면 주걱으로 휘저어 골고루 잘 섞는다.

2 **설탕·연유·소금·버터 섞기** ①에 설탕과 연유, 소금을 넣고 주걱으로 가볍게 섞은 다음, 녹인 버터를 부어 액체 재료에 잘 퍼지도록 충분히 섞는다.

3 **밀가루 섞고 휴지시키기** ②에 강력분을 넣고 밀가루가 보이지 않을 때까지 주걱으로 섞어 반죽한 다음, 볼에 랩을 씌우고 15~25℃의 실온에서 15분간 휴지시킨다.

4 **반죽 접기** 손에 물을 묻힌 다음 휴지가 끝난 반죽을 잡아당겨 접고, 그릇을 90°로 돌려가며 8번 접는다. ③의 휴지와 ④의 접기 과정을 5회 반복한다.

5 1차 발효시키기 매끈해진 반죽에 다시 랩을 씌우고 25~27℃에 30~60분
간 두어 1차 발효시킨다.

6 버터크림 만들기 필링용 버터는 실온에 두어 말랑하게 한 뒤 볼에 넣어
거품기로 푼다. 여기에 연유, 슈거파우더를 넣고 휘핑한다.

7 반죽 나누고 중간 발효시키기 반죽이 2배로 부풀면 반죽을 꺼내 45g씩
나누어 둥글리고, 비닐을 덮어 실온에서 15분간 중간 발효시킨다.

8 모양내기 발효된 반죽을 얇게 민 다음 20cm 길이로 말아 이음새를 붙인다.

tip

모양을 낸 후 바로 칼집을 내지 않으면 반죽이 부드러워져 칼집 내기가 어렵다.

tip

오븐 문을 열고 닫으면서 온도가 내려가기 때문에 200℃로 예열하고 190℃에서 굽는다.

9 **칼집 내기** 붙인 부분을 아랫쪽으로 두고 오븐 팬에 가지런히 놓아 달걀물을 바른 다음 촘촘하게 칼집을 낸다.

10 **2차 발효시키기** 반죽이 마르지 않게 따뜻한 곳(30~35℃)에 40~50분 두어 반죽이 2.5배 정도 부풀 때까지 2차 발효시킨다. 팬을 살짝 흔들었을 때 반죽이 흔들리면 발효가 끝난 것이다.

11 **굽기** 발효된 반죽을 200℃로 예열한 오븐에 넣고, 온도를 190℃로 낮춰 12분간 굽는다.

12 **잼·크림 바르기** 빵을 충분히 식힌 다음 빵 가운데를 잘라 산딸기잼과 버터크림을 발라 샌드한다.

판단 코코넛 브레드

Roti pandan inti kelapa

200℃ | 12~15 min

11개 분량

구수한 향기 가득한 판단 잎의 즙을 넣은 빵 반죽에 코코넛 설탕조림을 듬뿍 넣은 말레이시아 빵.
우리 입맛에도 잘 맞아 한번 도전해볼 만해요.
판단 잎 대신 수입식품 매장에서 파는 판단 페이스트로 만드세요.

재료

강력분 250g
우유 70mL
연유 12g
녹인 버터 30g
달걀 50g
설탕 35g
판단 페이스트 5g
소금 5g
드라이 이스트 3g
물 60mL

필링

코코넛 슈거 150g
코코넛롱 150g
물 100mL
바닐라에센스 1/2작은술

1 **물·우유·달걀 섞기** 물과 우유, 달걀을 한데 넣어 주걱으로 잘 푼다.

2 **이스트 풀기** 달걀이 우유와 잘 섞이면 드라이 이스트를 넣어 1분간 그대로 둔다. 이스트가 가라앉기 시작하면 주걱으로 휘저어 골고루 잘 섞는다.

3 **설탕·연유·소금 넣기** ②에 설탕과 연유, 소금을 넣고 주걱으로 가볍게 섞는다.

4 **버터 섞기** 중탕으로 녹인 버터를 ③에 부어 액체 재료에 잘 퍼지도록 충분히 섞는다.

tip

냉장 발효할 때는 4번만 접고 바로
냉장고에 넣어 12~18시간 저온 숙성
한다.

5 밀가루 섞고 휴지시키기 ④에 강력분을 넣고 밀가루가 보이지 않을 때
까지 주걱으로 섞어 반죽한 다음, 볼에 랩을 씌우고 15~25℃의 실온에서
15분간 휴지시킨다.

6 반죽 접기 손에 물을 묻혀 휴지가 끝난 반죽을 잡아당겨 접고, 그릇을
90°로 돌려가며 8번 접는다. ⑤와 ⑥의 휴지-접기 과정을 5회 반복한다.

7 1차 발효시키기 매끈해진 반죽에 다시 랩을 씌우고 25~27℃에 30~60분
간 두어 1차 발효시킨다.

8 필링 만들기 코코넛 슈거를 냄비에 넣고, 물을 부어 끓인다. 약간 걸쭉해
지면 코코넛롱을 넣고 약불에서 끓이다가 졸아들면 바닐라에센스를 섞어
식힌다.

9 반죽 나누고 중간 발효시키기 반죽이 2배 정도로 부풀면 반죽을 꺼내
45g씩 나누어 둥글리고, 비닐을 덮어 실온에서 15분간 중간 발효시킨다.

10 **필링 넣기** 발효된 반죽을 손으로 눌러 가스를 뺀 다음 코코넛 필링을 30g씩 넣어 싸서 오븐 팬에 가지런히 놓고 달걀물을 칠한다.

11 **2차 발효시키기** 따뜻한 곳(30~35℃)에 40~50분 두어 반죽이 2.5배 정도 부풀 때까지 2차 발효시킨다. 팬을 살짝 흔들었을 때 반죽이 흔들리면 발효가 끝난 것이다.

12 **굽기** 발효된 반죽을 200℃의 오븐에 넣고 온도를 190℃로 낮춰 12~15분간 굽는다.

tip

오븐 문을 열고 닫으면서 온도가 내려가기 때문에 200℃로 예열하고 190℃에서 굽는다.

오렌지 초코빵

Orange & chocolate buns

190°C | 15~18 min

11개 분량

초콜릿으로 단맛을 내고 오렌지 필로 새콤한 맛을 내 어린이들 입맛에 딱 맞는 빵이에요.
달콤한 맛을 좋아하면 밀크초콜릿을, 진한 맛을 원하면 다크초콜릿을 넣으세요.
오렌지 껍질도 함께 갈아 넣으면 더 깊은 맛이 나요.

재료

강력분 250g
우유 70mL
물 60mL
연유 12g
녹인 버터 37g
달걀 50g(1개)
설탕 35g
다진 다크초콜릿 70g
오렌지 필 30g
소금 5g
드라이 이스트 3g

1 **물·우유·달걀 섞기** 물과 우유, 달걀을 한데 넣어 주걱으로 잘 푼다.

2 **이스트 풀기** 달걀이 우유와 잘 섞이면 드라이 이스트를 넣어 1분간 그대로 둔다. 이스트가 가라앉기 시작하면 주걱으로 휘저어 골고루 잘 섞는다.

3 **설탕·연유·소금 넣기** ②에 설탕과 연유, 소금을 넣고 주걱으로 가볍게 섞는다.

4 **버터 섞기** 중탕으로 녹인 버터를 ③에 부어 액체 재료에 잘 퍼지도록 충분히 섞는다.

5-1   5-2

tip

냉장 발효할 때는 4번만 접고 바로
냉장고에 넣어 12~18시간 저온 숙성
한다.

5 밀가루 섞고 휴지시키기 ④에 강력분을 넣고 살짝 섞은 뒤 다진 다크
초콜릿과 오렌지 필을 넣어 밀가루가 보이지 않을 때까지 주걱으로 섞어
반죽한다. 볼에 랩을 씌우고 15~25℃의 실온에서 15분간 휴지시킨다.

6 반죽 접기 손에 물을 묻혀 휴지가 끝난 반죽을 잡아당겨 접고, 그릇을
90°로 돌려가며 8번 접는다. ⑤와 ⑥의 휴지-접기 과정을 5회 반복한다.

7 1차 발효시키기 매끈해진 반죽에 다시 랩을 씌우고 25~27℃에 30~60분
간 두어 1차 발효시킨다.

8 **반죽 나누고 중간 발효시키기** 반죽이 2배로 부풀면 반죽을 꺼내 60g씩 나눠 둥글리고, 비닐을 덮어 실온에서 15분간 중간 발효시킨다.

9 **2차 발효시키기** 발효된 반죽을 한 번 더 매끄럽게 둥글려 머핀 틀에 넣은 다음, 반죽이 마르지 않게 따뜻한 곳(30~35℃)에 40~50분 두어 반죽이 머핀 틀 높이로 부풀 때까지 2차 발효시킨다.

10 **굽기** 발효된 반죽을 190℃의 오븐에 넣고 온도를 180℃로 낮추어 15~18분간 굽는다.

tip

오븐 문을 열고 닫으면서 온도가 내려가기 때문에 190℃로 예열하고 180℃에서 굽는다.

Basic
건강 빵 만들기

반죽기가 따로 없어도 주걱으로 섞고 발효하는 과정에 조금만 신경을 쓰면 집에서도 건강 빵을 쉽게 만들 수 있다. 건강 빵은 주재료가 밀가루, 소금, 이스트, 물 등으로 간단한 만큼 산화 작용이 과하게 생기지 않도록 조심해 밀가루 맛을 잘 내는 것이 포인트다. 손으로 천천히 접으면서 반죽하면 산화가 되지 않기 때문에 맛을 내는 카로티노이드를 잘 살릴 수 있다.

기본을 익히면 풀리시법을 사용하거나 발효종을 넣고 저온 숙성시켜 깊은 맛을 내는 빵을 만들 수 있고, 몸에 좋은 견과류나 다른 재료를 섞어 만드는 재미도 있다.

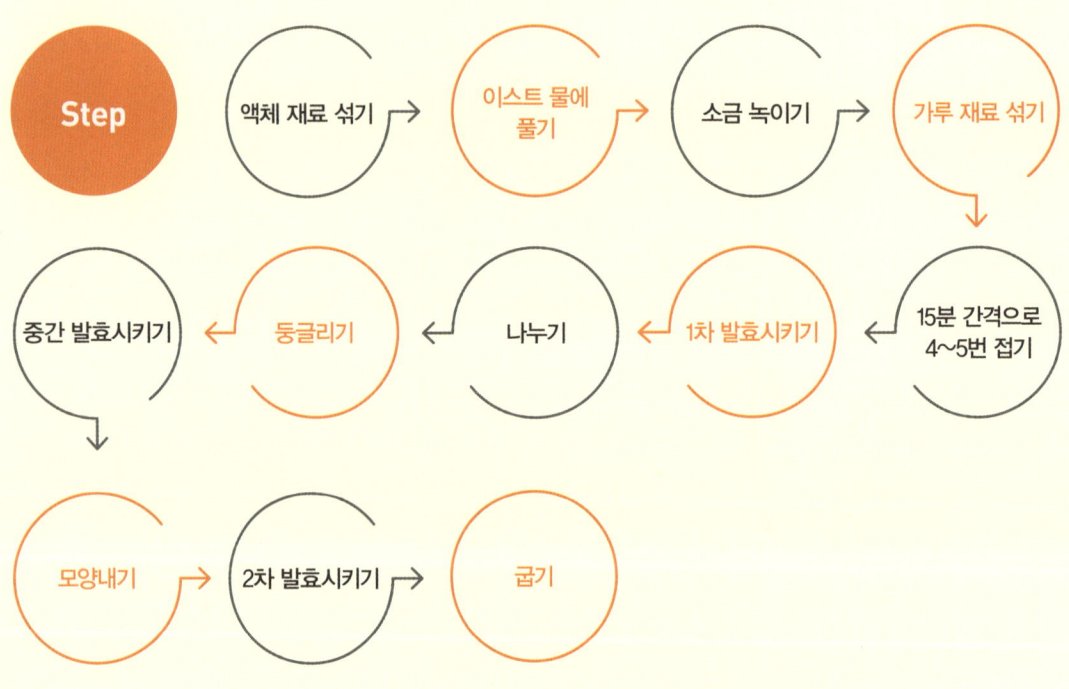

Step → 액체 재료 섞기 → 이스트 물에 풀기 → 소금 녹이기 → 가루 재료 섞기 → 15분 간격으로 4~5번 접기 → 1차 발효시키기 → 나누기 → 둥글리기 → 중간 발효시키기 → 모양내기 → 2차 발효시키기 → 굽기

준비 도구 | 볼, 저울, 주걱, 캔버스천, 나무판, 돌판, 쿠프나이프, 오븐, 스크레이퍼

step 1

액체 재료 섞기

1 볼에 액체 재료를 넣는다. 온도가 높으면 찬물을 쓰고 온도가 낮으면 물을 25℃ 정도로 데워서 쓴다.

tip

채소나 페이스트는 언제 넣나?
반죽에 단호박이나 고구마 같은 채소나 페이스트가 들어갈 때는 이 단계에서 넣는다.

step 2

이스트 물에 풀기

2 물에 드라이 이스트를 넣고 1분간 그대로 둔다. 바로 섞으면 이스트가 덩어리진다.

3 이스트가 물에 풀어져서 가라앉기 시작하면 주걱으로 서서히 섞으면서 잘 푼다.

tip

건강 빵에는 어떤 이스트를 사용하나?
대부분의 건강 빵에는 설탕이 들어가지 않거나 조금만 들어가기 때문에 드라이 이스트는 저당용을 사용한다. 생 이스트를 쓸 경우에는 드라이 이스트의 2배를 넣는다.

사전 발효종은 무엇이고 어떻게 사용해야 할까?
건강 빵류에는 밀가루, 소금, 물, 이스트 외에 다른 재료가 들어가지 않으므로 빵의 맛을 높이려면 사전 반죽 같은 발효종을 쓰는 것이 좋다. 특히 바게트를 만들 때는 풀리시라는 사전 반죽을 만들어 쓰면 발효 과정 중 유기산이 생겨 반죽을 더욱 찰지고 힘있게 한다.
사전 반죽에는 풀리시와 묵은 반죽이 많이 사용된다. 풀리시는 레시피에 나온 밀가루 양의 33%를 미리 섞어 발효시키면 된다. 묵은 반죽법은 전에 만들어둔 건강 빵 반죽을 밀가루 양의 5~15%만큼 물에 섞어서 쓰면 적당하다. 사전 발효종을 사용할 때는 반드시 이 단계에서 넣어야 잘 섞을 수 있다. 이스트를 섞으면서 묵은 반죽을 넣어 충분히 풀어서 다 녹도록 잘 젓는다. 소금을 넣은 다음 묵은 반죽을 넣으면 소금이 글루텐을 응고시켜 잘 풀어지지 않는다.
이스트를 완전히 빼고 30%의 사워종을 넣거나 15%의 과일액종을 넣어 천연 발효종빵을 만들어도 좋다. 액종이나 사워종을 넣을 때는 수분이 들어간 만큼 물을 빼면 된다.

step 3

소금 넣어 녹이기

4 이스트가 완전히 풀어지면 소금을 넣고 주걱으로 저어 녹인다.

step 4

가루 재료 섞기

5 재료가 잘 섞이면, 밀가루를 넣고 주걱으로 섞는다. 볼을 돌려가며 주걱으로 바닥부터 끌어올리듯 섞는 과정을 반복해 밀가루가 보이지 않을 때까지 계속 섞는다.

step 5

접기

6 반죽에 밀가루가 보이지 않을 정도로 잘 섞이면 랩을 씌워 실온에 15분간 둔다. 18~27℃까지는 실온에 그대로 두고, 온도가 더 높으면 냉장고에, 더 낮으면 약간 따뜻한 곳에 두어 접는다. 휴지가 끝난 반죽은 윤기가 있고 반죽이 끊어지지 않으며 잘 늘어난다.

7 휴지가 끝나면 랩을 벗기고 손으로 반죽을 당기면서 90°로 돌려가며 접는다. 당기고 돌려가며 접는 과정을 8번 반복한다. 접기를 할수록 반죽이 탱탱하고 매끄러워진다.

8 접기가 끝난 반죽은 다시 랩을 씌워 실온에 15분간 둔다. 저온숙성할 때는 휴지-접기 과정을 4회 반복하고, 바로 사용할 때에는 5~6회 반복한다.

tip

손에 반죽이 달라붙지 않게 하려면?
반죽 접기를 할 때 자꾸 손에 달라붙어 작업하기가 쉽지 않다. 반죽을 접기 전에 손에 물을 살짝 묻히면 손에 달라붙지 않고 깔끔하게 작업할 수 있다.

접기와 발효는 어떤 관계가 있나?
접는 동안에는 최대한 발효가 일어나지 않는 것이 좋다. 접기에서 발효가 많이 되면 1차 발효를 거치면서 과발효되어 빵이 잘 나오지 않는다. 온도가 높으면 이스트 양을 줄이거나 냉장고에 넣어 휴지시킨 다음 접는다.

step 6

1차 발효시키기

9

9 접기가 끝나면 반죽이 매끄러워지고 탄력이 생긴다. 반죽이 마르지 않도록 랩을 씌워 25~27℃에서 30~60분간 발효시킨다. 반죽이 원래 크기에서 2배가 되면 발효가 끝난다.

tip

반죽은 어느 정도까지 부풀리는 게 좋은가?

건강 빵류는 과발효시키면 좋지 않다. 접기를 하면서도 발효가 어느 정도 진행된다. 따라서 일반 반죽보다 덜 촘촘하므로 살짝 덜 부풀었다는 느낌이 들 때까지 발효시키는 것이 좋다.

step 7

나누기,
중간 발효시키기

11-1　　　　11-2

10 발효된 반죽에 밀가루를 살짝 뿌려 주걱으로 옆면을 조심스럽게 긁어낸 다음 뒤집어서 꺼낸다. 반죽이 질기 때문에 밀가루를 충분히 사용하되 반죽 속에 들어가지 않도록 조심한다.

11 반죽을 살짝 눌러 납작하게 하고, 스크레이퍼로 레시피에 맞게 무게를 재서 나눈 다음 둥글린다. 둥글릴 때는 가스가 빠지지 않도록 조심스럽게 다룬다. 나눈 반죽의 사방을 접으면서 동그랗게 하고, 손바닥으로 가볍게 둥글린다.

12 반죽에 비닐을 덮어 반죽이 약간 퍼지면서 느슨해질 때까지 20~30분간 중간 발효시킨다.

step 8

모양내기,
2차 발효시키기

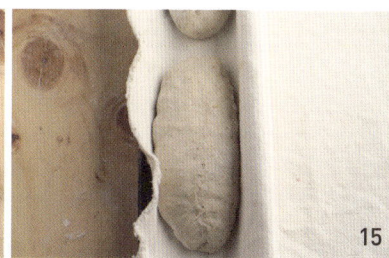

13 중간 발효가 끝난 반죽을 밀가루 뿌린 작업대 위에 뒤집어 꺼낸다.

14 타원형으로 모양을 낼 때는 가스가 빠지지 않도록 조심스럽게 말면서 약간씩 당겨 탄력이 생기도록 한다. 너무 힘을 주면 가스가 빠지고 너무 살살 말면 반죽이 쳐져 납작한 빵이 된다.

15 모양낸 반죽이 캔버스천에 달라붙지 않도록 반죽과 캔버스천에 밀가루를 뿌린 다음 붙인 부분을 위로 향하게 두고 발효시킨다.

16 반죽 크기가 1.8~2배가 될 때까지 22~24°C에서 40~50분간 2차 발효시킨다. 고온고습에서 발효하면 반죽이 쳐진다.

step 9

굽기

17 오븐 안에 돌판을 넣어 240°C로 예열하고, 그 사이에 발효가 끝난 반죽을 실리콘 페이퍼에 옮겨 칼집을 낸다. 오븐에 반죽을 넣고, 돌판에 뜨거운 물 60mL를 부어 스팀을 낸 다음 15~25분간 굽는다.

가벼운 호밀빵

Light rye bread

240℃ | 20min

3개 분량

깜빠뉴처럼 겉은 바삭하고 속은 촉촉하게 즐길 수 있는 담백한 빵이에요.
방금 나온 따끈따끈한 호밀빵을 발사믹 올리브오일에 찍어 먹으면 일품이죠.

재료

강력분 220g
호밀가루 30g
물 195mL
소금 5g
드라이 이스트 1g

1 **물·이스트 섞기** 물에 드라이 이스트를 넣어 1분간 그대로 둔 다음, 가라 앉기 시작하면 주걱으로 휘저어 골고루 섞는다.

2 **소금·호밀가루 섞기** ①에 소금을 넣고 주걱으로 가볍게 섞은 다음, 호밀 가루를 넣어 잘 섞는다.

3 **밀가루 넣고 휴지시키기** ②에 강력분을 넣고 밀가루가 보이지 않을 때까 지 주걱으로 섞어 반죽한 다음, 볼에 랩을 씌우고 실온에서 15분간 휴지 시킨다.

tip

냉장 발효할 때는 4번만 접고 냉장 고에 넣어 12~18시간 저온 숙성한다.

4 **반죽 접기** 손에 물을 묻혀 휴지가 끝난 반죽을 잡아당겨 접고, 그릇을 90°로 돌려가며 8번 접는다. ③의 휴지시키기와 ④의 접기 과정을 5회 반복한다.

5 1차 발효시키기 접기가 끝나 매끈해진 반죽에 다시 랩을 씌워 25~27℃에서 60~90분간 1차 발효시킨다.

6 반죽 나누어 중간 발효시키기 반죽이 2배로 부풀면 반죽을 꺼내 150g씩 3등분해 사방을 접어 반죽을 동그랗게 만들고, 비닐을 덮어 실온에서 20분간 중간 발효시킨다.

7 모양내기 발효시킨 반죽을 밀가루 뿌린 작업대에 놓은 다음, 가스가 빠지지 않도록 사방을 살짝 당겨 가볍게 말아 붙여 타원형을 만들고 밀가루를 뿌린다.

호밀은 얼마나 넣어야 할까?

이 레시피에서는 호밀을 전체의 12%만 넣어 깜빠뉴처럼 가볍게 즐길 수 있게 만들었다. 취향에 따라 최대 30%까지 넣을 수 있지만 호밀이 늘어날수록 빵이 텁텁해지고 호밀향이 강하게 느껴진다.

8 **2차 발효시키기** 팬에 캔버스천을 깔고 밀가루를 뿌린 다음, 반죽을 놓고
비닐을 덮어 22~24℃에서 40~50분 동안 2차 발효시킨다.

9 **굽기** 반죽이 1.8~2배로 부풀면 실리콘페이퍼로 옮겨 칼집을 낸 다음,
240℃로 예열시킨 오븐에 넣고 뜨거운 물을 뿌려 스팀을 주고 20분간
굽는다.

바게트

Baguette

240℃ | 20min

2개 분량

프랑스 전통 빵인 바게트는 밀가루, 소금, 이스트 물 4가지 재료로만 맛을 내는 난이도가 높은 빵이에요.
빵 만들기에 자신감이 생겼다면 한번 도전해보세요.

재료

강력분 235g
통밀가루 15g
물 195mL
소금 5g
드라이 이스트 0.8g

1 **물·이스트 섞기** 물에 드라이 이스트를 넣어 1분간 그대로 둔 다음, 가라 앉기 시작하면 주걱으로 휘저어 골고루 섞는다.

2 **소금·통밀가루 섞기** ①에 소금을 넣고 주걱으로 가볍게 섞은 다음, 통밀 가루를 넣어 잘 섞는다.

3 **밀가루 넣어 반죽하기** ②에 강력분을 넣고 밀가루가 보이지 않을 때까지 주걱으로 섞어 반죽한 다음, 볼에 랩을 씌우고 실온에서 15분간 휴지시 킨다.

tip
냉장 발효할 때는 4번만 접고 냉장 고에 넣어 12~18시간 저온 숙성한다.

4 **반죽 접기** 손에 물을 묻혀 휴지가 끝난 반죽을 잡아당겨 접고, 그릇을 90°로 돌려가며 8번 접는다. ③과 ④의 휴지-접기 과정을 5회 반복한다.

5

6

8

tip

바게트 반죽은 가스가 빠지지 않도
록 조심스럽게 꺼내고, 자를 때도
한 번에 무게를 맞춰 자르는 것이
포인트다.

5 1차 발효시키기 매끈해진 반죽에 다시 랩을 씌워 25~27℃에서 60~90분
간 1차 발효시킨다.

6 반죽 말기 반죽이 2배로 부풀면 반죽을 꺼내 2등분하고, 가스가 빠져
나오지 않도록 조심스럽게 말아 표면을 매끄럽게 한다.

7 중간 발효시키기 모양낸 반죽은 비닐을 덮어 실온에서 20분간 중간
발효시킨다.

8 모양내기 발효가 끝난 반죽을 밀가루 뿌린 작업대에 뒤집어 꺼낸 다음,
가스가 빠지지 않게 가볍게 말고 이음새 부분을 붙인다.

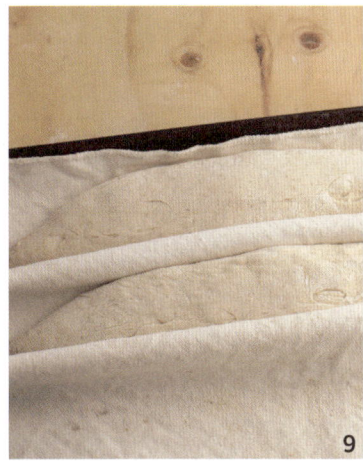

9

10

tip

바게트는 과발효에 주의한다. 반죽
을 손가락으로 눌러봤을 때 반죽이
서서히 올라오는 상태까지 발효시
키는 게 적당하다.

9 **2차 발효시키기** 캔버스천에 밀가루를 뿌린 다음 붙인 부분을 위로 두고
   비닐을 덮어 22~24℃에서 40~50분간 2차 발효시킨다.

10 **굽기** 반죽이 1.8~2배 부풀면 실리콘페이퍼로 옮겨 칼집을 낸다. 240℃
   로 예열시킨 오븐에 넣고 뜨거운 물을 뿌려 스팀을 준 다음 20분간
   굽는다.

호박빵

Pumpkin bread

240°C │ 20min

2개 분량

몸에 좋은 베타카로틴이 가득한 단호박을 큼직하게 잘라 넣어 색도 예쁘고 맛도 좋고 건강에도 좋은 최고의 빵이에요. 단호박을 미리 삶아서 부드럽게 하는 것이 포인트랍니다.

재료

강력분 250g
으깬 단호박 120g
물 175mL
소금 5g
드라이 이스트 1g

필링
단호박 200g

1 **물·단호박·이스트 섞기** 물에 으깬 단호박을 섞은 다음, 드라이 이스트를 넣어 1분간 그대로 두었다가 가라앉기 시작하면 골고루 섞는다.

2 **소금·밀가루 섞기** ①에 소금을 넣고 주걱으로 가볍게 섞은 다음, 강력분을 넣고 밀가루가 보이지 않을 때까지 주걱으로 섞어 반죽한다. 볼에 랩을 씌우고 실온에서 15분간 휴지시킨다.

3 **반죽 접기** 손에 물을 묻혀 휴지가 끝난 반죽을 잡아당겨 접고, 그릇을 90°로 돌려가며 8번 접는다. ②와 ③의 휴지-접기 과정을 5회 반복한다.

4 **1차 발효시키기** 매끈해진 반죽에 다시 랩을 씌워 25~27℃에서 60~90분간 1차 발효시킨다.

tip
냉장 발효할 때는 4번만 접고 냉장고에 넣어 12~18시간 저온 숙성한다.

5 **2등분해서 접기** 반죽이 2배로 부풀면 꺼내서 2등분한 뒤, 울퉁불퉁한
부분을 위로 해서 사방을 접으며 살짝 둥글린다. 비닐을 덮어 실온에서
20분간 중간 발효시킨다.

6 **중간 발효시키기** ⑤의 반죽에 비닐을 덮어 실온에서 20분간 중간 발효
시킨다.

7 **단호박 올리기** 발효가 끝난 반죽을 밀가루 뿌린 작업대에 뒤집어서
꺼낸 다음, 필링용 단호박을 100g씩 골고루 펴 올린다.

8 **모양내기** 단호박을 올린 ⑦의 반죽을 가스가 빠지지 않게 가볍게 말아
타원형을 만든다.

9 **2차 발효시키기** 캔버스천에 밀가루를 뿌린 다음 붙인 부분이 위로 가도 록 놓고, 비닐을 덮어 22~24℃에서 40~50분간 2차 발효시킨다.

10 **굽기** 반죽이 1.8~2배로 부풀면 실리콘페이퍼로 옮겨 칼집을 낸 다음, 240℃로 예열시킨 오븐에 넣고 뜨거운 물을 뿌려 스팀을 낸 다음 20분 간 굽는다.

단호박 찌기

단호박은 깨끗이 씻어 필링용은 껍질째 2cm 크기로 네 모지게 썰고, 으깨는 것은 껍질을 벗겨 찜통에 넣고 10분 간 찐다. 필링용은 약간 단단한 상태에서 꺼내고, 으깨는 것은 흐물흐물해질 때까지 푹 찐다. 단호박을 으깰 때는 뜨거운 상태에서 바로 으깨는 것이 좋다.

반죽에 단호박을 넣을 때는 호박마다 수분 함량이 다르 므로 처음에 물을 150mL 정도 넣고, 반죽의 되직한 정도 를 보면서 물을 가감하는 것이 좋다.

올리브 치아바타

Olive ciabatta

240°C | 9~10 min

2개 분량

샌드위치, 파니니 등 브런치 메뉴로 인기가 좋은 치아바타에 향긋한 올리브를 듬뿍 넣었어요.
올리브 대신 쫄깃한 선드라이 토마토나 은은한 바질을 넣어도 좋아요.

재료

강력분 250g
물 200mL
올리브 슬라이스 100g
올리브오일 10g
소금 5g
드라이 이스트 1g

1 **물·이스트 섞기** 물에 드라이 이스트를 넣어 1분간 그대로 둔 다음, 가라
   앉기 시작하면 골고루 섞는다.

2 **소금·올리브오일 섞기** ①에 소금을 넣어 녹이고, 올리브오일과 올리브
   슬라이스를 넣어 주걱으로 섞는다.

3 **밀가루 섞어 반죽하기** ②에 강력분을 넣어 밀가루가 보이지 않을 때까지
   주걱으로 섞고, 볼에 랩을 씌워 실온에서 15분간 휴지시킨다.

올리브 치아바타

tip

냉장 발효할 때는 4번만 접고 냉장
고에 넣어 12~18시간 저온 숙성한다.

4 **반죽 접기** 손에 물을 묻혀 휴지가 끝난 반죽을 잡아당겨 접고, 그릇을
  90°로 돌려가며 8번 접는다. 휴지-접기 과정을 5회 반복한다.

5 **1차 발효시키기** 반죽에 다시 랩을 씌워 25~27℃에서 60~90분간 1차
  발효시킨다.

6 **모양내기** 반죽이 2배 부풀면 꺼내 밀가루를 뿌린 뒤 정사각형으로 모양
  을 잡는다.

7 **중간 발효시키기** 캔버스천에 밀가루를 뿌려 반죽을 놓고 비닐을 덮어
  22~24℃에서 30분간 중간 발효시킨다.

8

tip

1차 발효가 끝났을 때부터 가스가
빠지지 않도록 조심해야 2차 발효
시간이 짧아지고 자른 단면이 예쁘
게 나온다.

8 **2차 발효시키기** 휴지시킨 반죽을 밀가루 뿌린 작업대에 올리고 가장자
리를 스크레이퍼로 다듬는다. 반죽을 2등분해 실리콘페이퍼로 옮긴 뒤
비닐을 덮고 22~24℃에서 20~30분간 2차 발효시킨다.

9 **굽기** 반죽이 1.8~2배 부풀면 240℃로 예열시킨 오븐에 넣고 뜨거운 물
을 뿌려 스팀을 낸 다음 9~10분간 굽는다.

잡곡빵

Multi-grain bread

220℃ | 20min

4개 분량

여러 가지 잡곡을 가득 넣고, 해바라기씨와 호박씨를 얹어 구수함을 한층 더했어요.
시중에서 파는 멀티그레인 대신 보리, 호밀, 귀리, 아마씨 등을 직접 볶아 가루를 내 넣어도 좋아요.

재료

강력분 200g
멀티그레인 잡곡가루 50g
소금 1g
드라이 이스트 1g
물 180g

토핑

해바라기씨
호박씨 적당량

tip

냉장 발효할 때는 4번만 접고 냉장
고에 넣어 12~18시간 저온 숙성한다.

1 **물·이스트·소금·잡곡가루 섞기** 물에 드라이 이스트를 넣어 1분간 두었다
   가 섞는다. 여기에 소금을 넣어 녹이고, 잡곡가루를 넣어 섞는다.

2 **밀가루 섞고 휴지-접기 반복하기** ①에 강력분을 넣어 섞고, 볼에 랩을
   씌워 실온에서 15분간 휴지시킨다. 휴지가 끝난 반죽을 잡아당겨 접고,
   그릇을 90°로 돌려가며 8번 접는다. 휴지-접기 과정을 5회 반복한다.

3 **1차 발효시키기** 다시 랩을 씌워 25~27℃에서 60~90분간 1차 발효시킨다.

4 **4등분하고 중간 발효시키기** 반죽이 2배로 부풀면 반죽을 꺼내 4등분해서 사방
   을 접어 동그랗게 만든 다음, 비닐을 덮어 실온에서 20분간 중간 발효시킨다.

5 **필링 묻히기** 발효시킨 반죽을 가스가 빠지지 않게 가볍게 둥글린 다음,
   물을 바르고 해바라기씨와 호박씨를 골고루 묻힌다.

6 **2차 발효시키기** 반죽을 오븐 팬에 가지런히 놓고 비닐을 덮어 22~24℃에
   서 40~50분간 2차 발효시킨다.

7 **굽기** 반죽이 1.8~2배 부풀면 220℃로 예열한 오븐에 넣고 뜨거운 물을
   뿌려 스팀을 낸 다음 20분간 굽는다.

고구마 허니버터빵

Sweet potato bread

240℃ | 20min

2개 분량

허니버터 과자를 본떠 만든 빵. 식이섬유가 풍부한 고구마에 꿀과 버터를 입혀 바게트 반죽에 넣어 달콤함과 고소함을 한껏 올렸어요. 허니버터 고구마 대신 군고구마를 통째로 넣어도 맛있어요.

재료

강력분 250g
물 195mL
소금 5g
드라이 이스트 0.8g

필링

삶은 고구마 350g
버터 30g
꿀 50g
설탕 10g
계핏가루 1g

1 **물·이스트 섞기** 물에 드라이 이스트를 넣어 1분간 그대로 둔 다음, 가라앉기 시작하면 골고루 섞는다.

2 **소금·밀가루 섞기** ①에 소금을 넣어 가볍게 섞은 다음, 강력분을 넣어 밀가루가 보이지 않을 때까지 주걱으로 섞어 반죽한다. 볼에 랩을 씌우고 실온에서 15분간 휴지시킨다.

tip
냉장 발효할 때는 4번만 접고 냉장고에 넣어 12~18시간 저온 숙성한다.

3 **반죽 접기** 손에 물을 묻혀 휴지가 끝난 반죽을 잡아당겨 접고, 그릇을 90°로 돌려가며 8번 접는다. ②와 ③의 휴지-접기 과정을 5회 반복한다.

4 **1차 발효시키기** 접기가 끝나 매끈해진 반죽에 다시 랩을 씌워 25~27℃에서 60~90분간 1차 발효시킨다.

5 **고구마 데치기** 고구마는 주사위 모양으로 작게 잘라 끓는 물에 데친다. 냄비에 버터를 넣고 중간 불에서 녹이다가 고구마를 넣는다.

6 **고구마 굽기** ⑤에 꿀과 설탕을 섞은 소스를 넣고 잘 저어준다. 고구마가 노릇노릇해지고 윤기가 나면 불을 끈 뒤 식힌다.

7 **반죽 말아 중간 발효시키기** ④의 반죽이 2배로 부풀면 꺼내 2등분하고, 가스가 빠져 나오지 않도록 조심스럽게 말아 매끄럽게 한다. 비닐을 덮어 실온에서 20분간 중간 발효시킨다.

  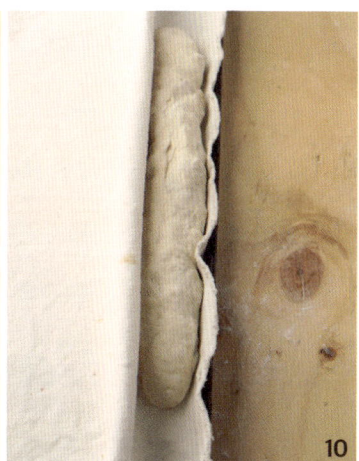

8 **고구마 올리고 모양내기** 발효시킨 반죽을 밀가루 뿌린 작업대에 뒤집어서 꺼낸 다음, 납작하게 펼쳐서 고구마를 골고루 올리고 반죽을 말아 이음새를 붙인다.

9 **반죽 늘이기** 반죽을 양손으로 잡고 안에서 바깥으로 살살 굴리면서 길게 늘인다.

10 **2차 발효시키기** 캔버스천에 밀가루를 뿌리고, 붙인 부분을 위로 놓고 비닐을 덮어 22~24℃에서 40~50분간 2차 발효시킨다.

11 **굽기** 반죽이 1.8~2배로 부풀면 실리콘페이퍼로 옮겨 칼집을 낸다. 240℃로 예열시킨 오븐에 넣고 뜨거운 물을 뿌려 스팀을 낸 다음 20분간 굽는다.

건포도 깜빠뉴

Pain de campagne aux raisins

240℃ | 20min

2개 분량

건포도 깜빠뉴는 건강 빵 베이커리라면 어디든 진열된 대표 메뉴예요. 설탕을 넣지 않아도
톡톡 씹히는 새콤달콤한 건포도 덕분에 건강 빵이 처음인 사람에게도 딱 맞는 메뉴랍니다.

재료

강력분 250g
물 195mL
건포도 100g
소금 5g
드라이 이스트 1g

1 **건포도 준비하기** 건포도는 미지근한 물에 1시간 정도 담가두었다가 물기
   를 뺀다.

2 **물·이스트 섞기** 물에 드라이 이스트를 넣어 1분간 그대로 둔 다음, 가라
   앉기 시작하면 골고루 섞는다.

3 **소금·밀가루 섞기** ②에 소금을 넣어 녹인 다음 강력분을 반 넣어 섞고,
   나머지 반은 건포도와 함께 넣어 밀가루가 보이지 않을 때까지 주걱으로
   반죽한다. 다 되면 볼에 랩을 씌우고 실온에서 15분간 휴지시킨다.

tip

냉장 발효할 때는 4번만 접고 냉장고에 넣어 12~18시간 저온 숙성한다.

4 반죽 접기 손에 물을 묻혀 휴지가 끝난 반죽을 잡아당겨 접고, 그릇을 90°로 돌려가며 8번 접는다. ③과 ④의 휴지-접기 과정을 5회 반복한다.

5 1차 발효시키기 매끈해진 반죽에 다시 랩을 씌워 25~27℃에서 60~90분간 1차 발효시킨다.

6 중간 발효시키기 반죽이 2배 부풀면 꺼내 2등분한 뒤 울퉁불퉁한 부분을 위로 놓고 사방을 접어 동그랗게 한다. 반죽에 비닐을 덮어 실온에 20분간 중간 발효시킨다.

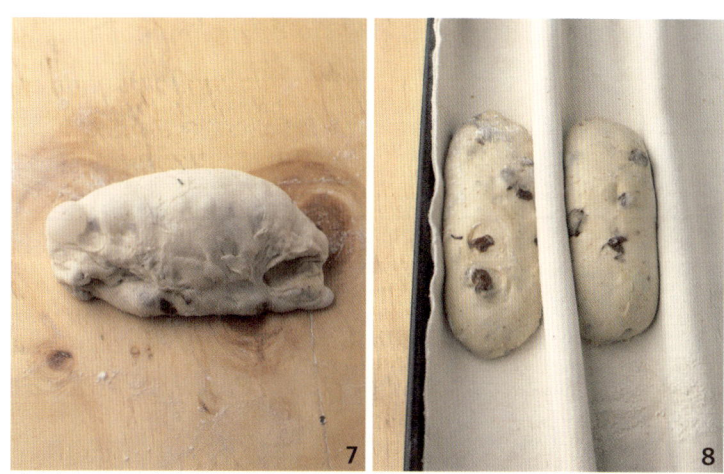

7 **모양내기** 반죽이 약간 퍼지면 작업대에 밀가루를 뿌리고 반죽을 뒤집
어서 가스가 빠지지 않게 살살 말아준 다음, 끝을 붙여 타원형을 만들고
밀가루를 뿌린다.

8 **2차 발효시키기** 캔버스천에 밀가루를 뿌리고, 붙인 부분을 위로 놓고
비닐을 덮어 22~24℃에서 40~50분 2차 발효시킨다.

9 **굽기** 반죽이 1.8~2배로 부풀면 반죽을 떼내 실리콘페이퍼로 옮겨 칼
집을 내고 240℃로 예열시킨 오븐에 넣어 뜨거운 물을 뿌려 스팀을 낸
다음 20분간 굽는다.

뺑 드 깜빠뉴

Pain de campagne

240℃ | 30min

1개 분량

프랑스어로 시골 빵이라는 뜻인 뺑 드 깜빠뉴는 크기가 크고 겉에 밀가루가 묻은 것이 특징이에요.
프랑스 시골에서는 신선한 빵을 매일 살 수 없어 깜빠뉴를 큼직하게 구워 조금씩 잘라서 팔았다고 해요.

재료

강력분 200g
호밀가루 30g
통밀가루 20g
물 190mL
소금 5g
드라이 이스트 1g

1 **물·이스트 섞기** 물에 드라이 이스트를 넣어 1분간 그대로 둔 다음, 가라
앉기 시작하면 골고루 섞는다.

2 **소금·호밀가루·통밀가루 섞기** ①에 소금을 넣어 녹이고, 호밀가루와
통밀가루를 넣어 가볍게 섞는다.

3 **휴지시키기** 강력분을 넣어 밀가루가 보이지 않을 때까지 주걱으로 섞어
반죽하고, 볼에 랩을 씌워 실온에서 15분간 휴지시킨다.

4 반죽 접기 손에 물을 묻혀 휴지가 끝난 반죽을 잡아당겨 접고, 그릇을
90°로 돌려가며 8번 접는다. ③과 ④의 휴지-접기 과정을 5회 반복한다.

5 1차 발효시키기 매끈해진 반죽에 다시 랩을 씌워 25~27℃에서 60~90분
간 1차 발효시킨다.

6 중간 발효시키기 반죽이 2배로 부풀면 반죽을 꺼내 사방을 접어가며
반죽을 동그랗게 하고, 비닐을 덮어 실온에서 20분간 중간 발효시킨다.

7 **모양내기** 발효가 끝난 반죽을 밀가루 뿌린 작업대에 놓은 다음 가스가 빠지지 않게 조심하며 둥글린다.

8 **2차 발효시키기** 밀가루를 뿌린 반느통에 반죽을 담고 비닐을 덮어 실온 22~24℃에서 40~50분간 2차 발효시킨다.

9 **굽기** 반죽이 1.8~2배 부풀면 실리콘페이퍼로 옮겨 칼집을 낸다. 240℃로 예열시킨 오븐에 넣고 뜨거운 물을 뿌려 스팀을 낸 다음 30분간 굽는다.

깜빠뉴는 무쇠솥에 담아 구우면 좋다
집에서 깜빠뉴를 구울 때는 무쇠솥이나 뚝배기를 이용하면 좋다. 먼저 오븐에 무쇠솥이나 뚝배기를 넣고 달군 다음, 발효된 반죽을 담아 뚜껑을 덮고 15분 정도 굽는다. 그 다음에 뚜껑을 덮지 않고 나머지 시간 동안 굽는다.
뚜껑이 없으면 스테인리스 볼로 덮어도 된다.

프루츠 스틱

Fruits & nuts breadsticks

240℃ | 15~20 min

6개 분량

호밀과 통밀을 섞은 반죽에 크랜베리, 건포도, 호두를 듬뿍 넣어 막대 모양으로 만든 프루츠 스틱.
씹으면 씹을수록 입안에 감도는 고소한 맛이 특징이에요.

재료

강력분 180g
호밀가루 50g
통밀가루 20g
물 190mL
크랜베리 50g
건포도 80g
호두 60g
소금 5g
드라이 이스트 1g

1 **속재료 준비하기** 크랜베리와 건포도는 미지근한 물에 담가 살짝 불려 물기를 제거하고 호두는 180℃로 예열한 오븐에 노릇노릇하게 구워 다진다.

2 **물·이스트 섞기** 물에 드라이 이스트를 넣어 1분간 둔 뒤, 가라앉으면 골고루 섞는다.

3 **소금·밀가루·속재료 섞기** ②에 소금을 넣어 녹이고, 호밀가루와 통밀 가루를 넣어 가볍게 섞은 다음 호두, 건포도, 크랜베리를 넣고 섞는다.

tip

냉장 발효할 때는 4번만 접고 냉장
고에 넣어 12~18시간 저온 숙성한다.

4 **휴지시키기** 강력분을 넣고 밀가루가 보이지 않을 때까지 주걱으로 섞어
반죽하고, 볼에 랩을 씌워 실온에서 15분간 휴지시킨다.

5 **반죽 접기** 손에 물을 묻혀 휴지가 끝난 반죽을 잡아당겨 접고, 그릇을
90°로 돌려가며 8번 접는다. ④와 ⑤의 휴지-접기 과정을 5회 반복한다.

6 **1차 발효시키기** 반죽에 다시 랩을 씌워 25~27℃에서 60~90분간 1차
발효시킨다.

7 **타원형으로 만들어 중간 발효시키기** 반죽이 2배로 부풀면 반죽을 꺼내
100g씩 나눠 타원형으로 만들고, 비닐을 덮어 실온에서 20분간 중간 발효
시킨다.

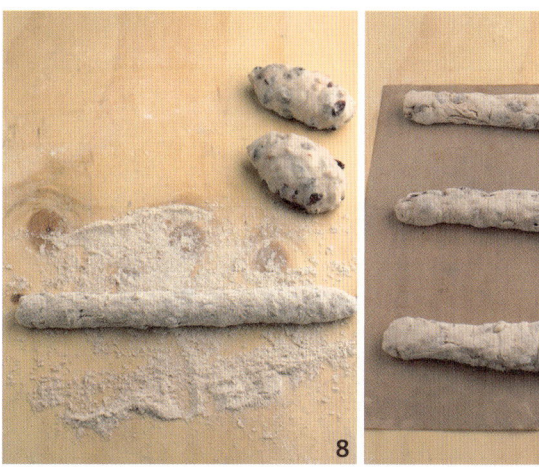

tip

반죽에 호밀과 통밀, 마른 과일이 들어 있어 잘 부풀지 않는다고 실온에 너무 오래 두면 반죽이 퍼지므로 주의한다.

8 **모양내기** 발효시킨 반죽을 호밀가루 뿌린 작업대에 올려 스틱 모양으로 만든다.

9 **2차 발효시키기** 밀가루를 뿌린 뒤 캔버스천으로 옮기고 비닐을 덮어 22~24℃에서 30~40분간 2차 발효시킨다.

10 **굽기** 반죽이 부풀면 실리콘페이퍼로 옮겨 240℃로 예열시킨 오븐에 넣고 뜨거운 물을 뿌려 스팀을 낸 다음 15~20분간 굽는다.

순수 통밀빵

100% wholemeal bread

240°C | 20min

3개 분량

최근 건강한 빵에 대한 관심이 높아졌어요. 그래서 100% 통밀로만 만든 순수 통밀빵을 찾는 사람도 많아졌죠. 조금은 거칠지만 구수한 맛이 살아 있는 순수 통밀빵을 만들어보세요.

재료

통밀가루 250g
물 205mL
소금 5g
드라이 이스트 1g

1 **물·이스트 섞기** 물에 드라이 이스트를 넣어 1분간 그대로 둔 다음, 가라앉기 시작하면 골고루 섞는다.

2 **소금·밀가루 섞기** ①에 소금을 넣어 녹이고, 통밀가루를 넣어 밀가루가 보이지 않을 때까지 주걱으로 섞어 반죽한다.

3 **휴지시키기** 반죽을 볼에 담고 랩을 씌워 실온에서 15분간 휴지시킨다.

4 **반죽 접기** 손에 물을 묻혀 휴지가 끝난 반죽을 잡아당겨 접고, 그릇을 90°로 돌려가며 8번 접는다. ③과 ④의 휴지-접기 과정을 5회 반복한다.

tip
냉장 발효할 때는 4번만 접고 냉장고에 넣어 12~18시간 저온 숙성한다.

5 **1차 발효시키기** 매끈해진 반죽에 다시 랩을 씌워 25~27℃에서 60~90분
   간 1차 발효시킨다.

6 **3등분해 중간 발효시키기** 반죽이 2배로 부풀면 반죽을 꺼내 3등분
   하고 울퉁불퉁한 부분을 위로 놓고 사방을 접어 둥글린 다음 비닐을 덮어
   실온에서 20분간 중간 발효시킨다.

7 **모양내기** 발효시킨 반죽을 밀가루 뿌린 작업대에 뒤집어 놓고, 가스가
   빠지지 않게 가볍게 말아 타원형을 만들고 통밀가루를 뿌린다.

8 **2차 발효시키기** 캔버스천에 밀가루를 뿌리고 반죽을 담은 다음, 비닐을 덮어 22~24℃에서 40~50분 2차 발효시킨다.

9 **통밀가루 뿌리기** 반죽이 1.8~2배 부풀면 실리콘페이퍼로 옮긴 다음 통밀가루를 뿌린다.

10 **칼집 내서 굽기** 겉면에 일정한 간격으로 칼집을 낸 다음, 240℃로 예열한 오븐에 넣고 뜨거운 물을 뿌려 스팀을 내서 20분간 굽는다.

통밀가루와 밀가루는 무엇이 다를까?

밀을 통째로 갈아 만든 통밀은 글루텐 함량이 적어 빵을 만들 때 일반 밀가루에 비해 빵이 잘 부풀지 않고 부드러운 맛이 덜하다. 하지만 식이섬유와 영양소가 풍부해서 건강에 좋을 뿐만 아니라, 씹으면 씹을수록 담백하고 구수하다. 샌드위치로 만들면 퍽퍽한 맛을 덜 느끼게 되어 더 맛있게 먹을 수 있다.

무화과 호밀빵

Fig bread

240℃ | 25min

3개 분량

반건조 무화과를 넣어 씨앗이 톡톡 씹히는 무화과 호밀빵. 반건조된 무화과는 시럽에 하룻밤 재워 사용하면 더욱 부드러워져요. 호밀가루 대신 잡곡 믹스를 넣어도 잘 어울린답니다.

재료

강력분 200g
호밀가루 50g
물 190mL
반건조 무화과 120g
호두 40g
소금 5g
드라이 이스트 1g

무화과 시럽

설탕 30g
물 80g

1 **호두·무화과 손질하기** 호두는 180℃로 예열한 오븐에 노릇노릇하게 구워 다지고, 반건조 무화과는 설탕과 물을 끓여 만든 시럽에 담가 냉장고에 하룻밤 두었다가 물기를 제거하고 4등분한다.

2 **물·이스트 섞기** 물에 드라이 이스트를 넣어 1분간 그대로 둔 다음, 가라앉기 시작하면 골고루 섞는다.

3 **소금·호밀가루 섞기** ②에 소금을 넣어 녹이고, 호밀가루를 넣어 주걱으로 섞는다.

4 **호두·무화과 넣기** ③의 반죽에 호두와 무화과를 넣어 고루 섞이도록 반죽한다.

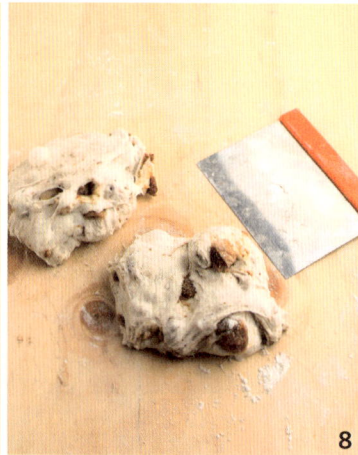

tip

냉장 발효할 때는 4번만 접고 냉장
고에 넣고 12~18시간 저온 숙성한다.

5 **휴지시키기** ④에 강력분을 넣어 밀가루가 보이지 않을 때까지 섞은
다음, 볼에 랩을 씌워 실온에서 15분간 휴지시킨다.

6 **반죽 접기** 손에 물을 묻혀 휴지가 끝난 반죽을 잡아당겨 접고, 그릇을
90°로 돌려가며 8번 접는다. 휴지-접기 과정을 5회 반복한다.

7 **1차 발효시키기** 매끈해진 반죽에 다시 랩을 씌워 25~27℃에서 60~90분
간 1차 발효시킨다.

8 **반죽 3등분하기** 반죽이 2배로 부풀면 반죽을 꺼내 스크레이퍼로 3등
분한다.

9 **중간 발효시키기** 울퉁불퉁한 부분을 위로 놓고 사방을 접어 둥글린
다음 비닐을 덮어 실온에서 20분간 중간 발효시킨다.

10 **모양내기** 반죽을 살살 눌러 약간 납작하게 편 다음, 반죽의 위아래를 접고 양 끝을 돌돌 말아 붙인다. 윗면에 덧가루를 충분히 묻힌다.

11 **2차 발효시키기** 캔버스천에 밀가루를 뿌린 다음 접은 부분을 위로 두고 비닐을 덮어 22~24℃에서 40~50분간 2차 발효시킨다.

12 **반죽에 칼집 내기** 반죽이 1.8~2배 부풀면 실리콘페이퍼로 옮겨 칼집을 낸다.

13 **오븐에 굽기** 240℃로 예열시 오븐에 넣고 뜨거운 물을 뿌려 스팀을 낸 다음 25분간 굽는다.

크랜베리 호두빵

Cranberry & walnut bread

240℃ | 20min

3개 분량

호두와 크랜베리는 건강 빵에서 빼놓을 수 없는 짝꿍이에요.
건강 빵을 처음 먹어보거나 좋아하지 않는 사람도 즐길 만큼 인기가 높답니다.
집에서 건강 빵을 처음 만들 때 추천하는 빵이기도 해요.

재료

강력분 225g
호밀가루 25g
물 195mL
크랜베리 30g
호두 25g
소금 5g
드라이 이스트 1g

1 **물·이스트 섞기** 물에 드라이 이스트를 넣어 1분간 그대로 둔 다음, 가라
  앉기 시작하면 골고루 섞는다.

2 **소금·호밀가루 섞기** ①에 소금을 넣어 녹이고, 호밀가루를 넣어 주걱
  으로 섞은 다음, 크랜베리와 호두를 넣어 반죽한다.

3 **강력분 넣어 반죽하기** ②에 강력분을 넣어 밀가루가 보이지 않을 때까지
  섞는다.

6

7

tip

냉장 발효할 때는 4번만 접고 냉장
고에 넣어 12~18시간 저온 숙성한다.

4 **휴지시키기** 반죽 담은 볼에 랩을 씌워 실온에서 15분간 휴지시킨다.

5 **반죽 접기** 손에 물을 묻혀 휴지가 끝난 반죽을 잡아당겨 접고, 그릇을
   90°로 돌려가며 8번 접는다. ④와 ⑤의 휴지-접기 과정을 5회 반복한다.

6 **1차 발효시키기** 매끈해진 반죽에 다시 랩을 씌워 25~27℃에서 60~90분
   간 1차 발효시킨다.

7 **3등분해서 중간 발효시키기** 반죽이 2배로 부풀면 반죽을 꺼내 3등분
   하고, 사방을 접어 동그랗게 만들어 둥글린 다음, 비닐을 덮어 실온에서
   20분간 중간 발효시킨다.

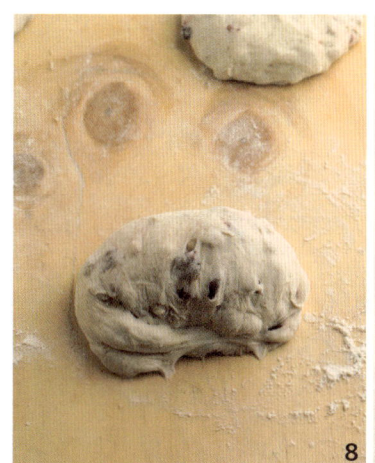  

8 **모양내기** 발효시킨 반죽을 밀가루 뿌린 작업대에 뒤집어 꺼낸다. 가스가 빠지지 않게 조심하며 말아 끝을 붙인 다음, 타원형을 만들고 밀가루를 뿌린다.

9 **2차 발효시키기** 캔버스천에 밀가루를 뿌린 다음, 붙인 부분을 위로 두고 비닐을 덮어 22~24℃에서 40~50분간 2차 발효시킨다.

10 **굽기** 반죽이 1.8~2배 부풀면 실리콘페이퍼로 옮겨 칼집을 낸다. 240℃ 로 예열시킨 오븐에 넣고 뜨거운 물을 뿌려 스팀을 낸 다음 20분간 굽는다.

쑥 앙버터

Mugwort ciabatta with butter and redbean paste

240℃ | 9~10 min

3개 분량

쑥떡에서 아이디어를 얻은 퓨전 치아바타. 쑥 향이 은은하게 퍼지는 쫄깃한 치아바타가 씹는 맛을 더해줘요. 여기에 직접 끓인 팥과 고소한 버터까지 넣으면 금상첨화예요.

재료

강력분 247g
물 200mL
올리브오일 12g
쑥가루 3g
설탕 8g
소금 5g
드라이 이스트 1g

필링

버터 100g
팥앙금 150g

1 **물·이스트 섞기** 물에 드라이 이스트를 넣고 1분간 그대로 둔 다음, 가라앉기 시작하면 골고루 섞는다.

2 **설탕·소금·쑥가루 섞기** ①에 설탕과 소금을 넣어 녹이고, 쑥가루와 올리브오일을 넣어 주걱으로 섞는다.

3 **휴지시키기** ②에 강력분을 넣어 밀가루가 보이지 않을 때까지 섞은 다음, 볼에 랩을 씌워 실온에서 15분간 휴지시킨다.

4 **반죽 접기** 손에 물을 묻혀 휴지가 끝난 반죽을 잡아당겨 접고, 그릇을 90°로 돌려가며 8번 접는다. ③과 ④의 휴지-접기 과정을 5회 반복한다.

tip
냉장 발효할 때는 4번만 접고 냉장고에 넣어 12~18시간 저온 숙성한다.

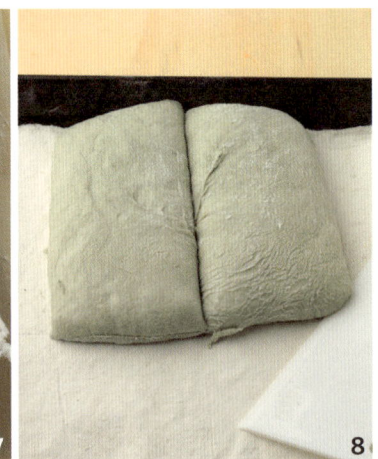

5 **1차 발효시키기** 매끈해진 반죽에 다시 랩을 씌워 25~27℃에서 60~90분 간 1차 발효시킨다.

6 **모양내기** 반죽이 2배로 부풀면 작업대에 올려 밀가루를 뿌린 다음 정사 각형으로 모양을 잡는다.

7 **중간 발효시키기** 캔버스천에 밀가루를 뿌리고 반죽을 올린 다음 비닐을 덮어 22~24℃에서 30분간 중간 발효시킨다.

8 **2차 발효시키기** 휴지시킨 반죽을 밀가루 뿌린 작업대에 올려 가장자리 를 스크레이퍼로 다듬는다. 반죽을 3등분해 실리콘페이퍼로 옮겨 비닐 을 덮고 22~24℃에서 20~30분간 2차 발효시킨다.

tip

1차 발효가 끝났을 때부터 가스가 빠지지 않도록 조심해야 2차 발효 시간이 짧아지고 자른 단면이 예쁘 게 나온다.

10-1   10-2

9 **굽기** 반죽이 1.8~2배 부풀면 240℃로 예열된 오븐에 넣고 뜨거운 물을 뿌려 스팀을 낸 다음 9~10분간 굽는다.

10 **필링 넣기** 구운 치아바타를 식힌 뒤 세로로 반 갈라 단팥을 바르고 버터를 얇게 썰어 넣는다.

진한 향을 원한다면 생쑥을 시용한다

우리나라에서는 3~4월이면 어디서나 쑥을 볼 수 있다. 쑥가루 대신 직접 쑥을 뜯어 살짝 데친 다음 물과 함께 갈아 반죽에 섞으면 신선한 쑥 향이 반죽에 짙게 밴다.

토마토 버섯 포카치아

Tomato & mushroom focaccia

240℃ | 20min

18cm 사각팬
1개 분량

포카치아는 반죽에 필링을 넣어 납작하게 만들거나 반죽을 얇게 펴서 토핑을 올려 구워요.
이탈리아 향신료를 반죽에 넣어 발효시킨 뒤 반죽 위에 토마토와 버섯을 올리고 그라나파다노치즈를
뿌리면 정통 이탈리아의 맛을 제대로 느낄 수 있어요.

재료

강력분 250g
물 200mL
올리브오일 18g
소금 5g
드라이 이스트 0.8g
이탈리안 허브믹스 1g

토핑

표고버섯 2개
토마토 1개
그라나파다노 치즈 15g
바질가루 1/2작은술
후춧가루 1/2작은술
소금·올리브유 조금씩

* 그라나파다노 치즈가 없으면
   파르메산 치즈가루로 대체한다.

1 **물·이스트 섞기** 물에 드라이 이스트를 넣어 1분간 둔 다음, 가라앉으면 섞는다.

2 **소금·허브가루 섞기** 드라이 이스트를 푼 물에 소금과 이탈리안 허브믹스를 넣고 주걱으로 가볍게 섞는다.

3 **올리브오일 섞기** ②에 올리브오일을 넣어 잘 섞는다.

이탈리안 허브믹스란?

마늘, 양파, 바질, 파슬리, 타임, 로즈메리, 오레가노, 흑후추, 레드페퍼가 섞인 향신료
믹스로 시중에서 쉽게 구할 수 있다. 생 바질이나 로즈메리를 대신 사용해도 좋다.

tip

냉장 발효할 때는 4번만 접고 냉장
고에 넣어 12~18시간 저온 숙성한다.

4 **밀가루 넣고 반죽하기** ③에 강력분을 넣어 밀가루가 보이지 않을 때까지
주걱으로 섞어 반죽한다. 밀가루가 잘 섞이면 볼에 랩을 씌우고 실온에
서 15분간 휴지시킨다.

5 **반죽 접기** 손에 물을 묻혀 휴지가 끝난 반죽을 잡아당겨 접고, 그릇을
90°로 돌려가며 8번 접는다. ④와 ⑤의 휴지-접기 과정을 5회 반복한다.

6 **1차 발효시키기** 반죽에 다시 랩을 씌워 25~27℃에서 60~90분간 1차
발효시킨다.

7 **팬에 넣고 2차 발효시키기** 반죽이 2배로 부풀면 올리브오일을 바른
사각팬에 붓고 손가락으로 반죽을 꼬집듯 누르면서 고르게 펴준다. 팬에
비닐을 덮어 22~24℃에서 40~50분간 2차 발효시킨다.

8 **버섯·토마토 손질하기** 표고버섯은 기둥을 떼어내고 갓만 얇게 슬라이스
한다. 토마토도 모양을 살려 얇게 슬라이스한다.

9 **반죽 위에 재료 올리기** 반죽이 1.8~2배로 부풀면 버섯과 토마토를 얹고
그라나파다노 치즈, 바질가루, 후춧가루를 뿌린다. 취향에 따라 소금과 올
리브유를 조금 뿌려도 된다.

10 **굽기** 재료를 다 올리면 240℃로 예열시킨 오븐에 넣고 뜨거운 물을
뿌려 스팀을 낸 다음 20분간 굽는다.

에크멕

Ekmek

240℃ · 15min

2개 분량

터키어로 빵을 뜻하는 에크멕. 통밀가루를 조금 섞거나 터키산 밀가루로 만들면 터키식으로 즐길 수 있어요. 직접 만든 에크멕은 수제 케밥을 만들어 먹거나 카레에 찍어 먹어도 맛있어요.

재료

중력분 100g
강력분 150g
물 180mL
플레인 요구르트 25g
설탕 12g
올리브오일 15g
소금 5g
드라이 이스트 0.8g

토핑

플레인 요구르트 적당량
포피 씨나 검은깨 적당량

1 **물·요구르트 섞기** 물과 플레인 요구르트를 잘 섞는다.

2 **드라이 이스트 넣기** ①의 액체 재료에 드라이 이스트를 넣어 1분간 그대로 두었다가 가라앉기 시작하면 골고루 섞는다.

3 **설탕·소금 섞기** ②에 설탕과 소금을 넣고 주걱으로 가볍게 섞는다.

4 **올리브오일 섞기** ③에 올리브오일을 부어 기름이 액체 재료에 잘 퍼지도록 충분히 섞는다.

5 **밀가루 넣어 반죽하기** 중력분과 강력분을 넣어 밀가루가 보이지 않을
때까지 주걱으로 섞어 반죽한 다음, 볼에 랩을 씌우고 실온에서 15분간
휴지시킨다.

tip

냉장 발효할 때는 4번만 접고 냉장
고에 넣어 12~18시간 저온 숙성한다.

6 **반죽 접기** 손에 물을 묻혀 휴지가 끝난 반죽을 잡아당겨 접고, 그릇을
90°로 돌려가며 8번 접는다. ④와 ⑤의 휴지-접기 과정을 5회 반복한다.

7 **1차 발효시키기** 반죽에 랩을 씌워 25~27℃에서 60~90분간 1차 발효
시킨다.

8 **중간 발효시키기** 반죽이 2배로 부풀면 반죽을 꺼내 2등분해 둥글리고, 20분간 중간 발효시킨다.

9 **반죽 밀기** 작업대에 밀가루를 뿌린 다음, 반죽을 1cm 두께로 밀어 오븐 팬에 옮긴다.

10 **굽기** 반죽 위에 붓으로 플레인 요구르트를 펴 바른 다음 손으로 꾹꾹 눌러 모양을 내고 포피 씨를 뿌린다. 240℃로 예열시킨 오븐에 넣고 15분간 굽는다.

포피 씨가 없을 때는 참깨를 사용한다

양귀비의 씨인 포피 씨는 포피 시드(Poppy Seed)라고도 하며, 베이킹에 많이 사용한다. 인터넷이나 수입식품점에서 있는데, 만약 포피 씨가 없다면 검은깨와 참깨를 1:1의 비율로 섞어서 사용한다. 반죽을 할 때 묵은 반죽을 섞으면 깊은 맛을 낼 수 있다. (p.17 '묵은 반죽법' 참조)

초콜릿빵

Chocolate bread

240℃ | 20min

3개 분량

달콤 쌉싸름한 초콜릿은 건강 빵과 어울리지 않는다고 생각하기 쉽지만 호밀 반죽에
코코아가루와 다크초콜릿, 피칸을 넣으면 달기만 한 초콜릿빵과는 다른 새로운 맛을 즐길 수 있어요.

재료

강력분 205g
호밀가루 30g
물 180mL
코코아가루 15g
다크초콜릿 70g
피칸 30g
카놀라유 10g
흑설탕 15g
소금 5g
드라이 이스트 1g

1 **물·이스트 섞기** 물에 드라이 이스트를 넣어 1분간 그대로 둔 다음, 가라
앉기 시작하면 골고루 섞는다.

2 **흑설탕·소금·카놀라유 섞기** ①에 흑설탕과 소금을 넣어 녹이고, 카놀
라유를 넣어 주걱으로 섞는다. 호밀가루와 코코아가루를 넣어 마저
섞는다.

3 **다크초콜릿·피칸·밀가루 섞기** ②에 다진 다크초콜릿과 피칸을 넣고 살짝
섞은 다음, 강력분을 넣어 밀가루가 보이지 않을 때까지 주걱으로 반죽
한다. 볼에 랩을 씌워 실온에서 15분간 휴지시킨다.

tip

냉장 발효할 때는 4번만 접고 냉장
고에 넣어 12~18시간 저온 숙성한다.

4 **반죽 접기** 손에 물을 묻혀 휴지가 끝난 반죽을 잡아당겨 접고, 그릇을
90°로 돌려가며 8번 접는다. 휴지-접기 과정을 5회 반복한다.

5 **1차 발효시키기** 반죽에 다시 랩을 씌워 25~27℃에서 60~90분간 1차
발효시킨다.

6 **3등분해서 중간 발효시키기** 반죽이 2배로 부풀면 꺼내 3등분하고 사방
을 접어 둥글린 다음 비닐을 덮어 실온에서 20분간 중간 발효시킨다.

7 모양내기 발효시킨 반죽을 밀가루 뿌린 작업대에 뒤집어 꺼낸다. 가스가 빠지지 않도록 가볍게 말면서 끝을 살짝 붙여 타원형을 만들고 밀가루를 충분히 뿌린다.

8 2차 발효시키기 캔버스천에 밀가루를 뿌린 다음, 반죽의 붙은 부분이 위를 향하게 두고 비닐을 덮어 22~24℃에서 40~50분간 2차 발효시킨다.

9 굽기 반죽이 1.8~2배 부풀면 실리콘페이퍼로 옮겨 칼집을 낸다. 240℃로 예열된 오븐에 넣고 뜨거운 물을 뿌려 스팀을 낸 다음 20분간 굽는다.

시금치빵

Spinach bread

240℃ | 20min

2개 분량

싱그러운 초록색이 빵 속으로 쏙 들어갔어요. 시금치를 좋아하지 않는 아이라도
시금치빵은 잘 먹어요. 시금치가 없다면 케일이나 루콜라를 갈아 넣어 색을 내보세요.

재료

강력분 250g
올리브오일 12g
소금 5g
드라이 이스트 1g

시금치물(190mL)

시금치 80g
물 180mL

tip

시금치물이 190mL가 안 되면 물을
조금 더 넣는다.

1 **시금치물 만들기** 시금치를 끓는 물에 살짝 데친 뒤 물과 함께 믹서에
  넣고 곱게 갈아 체에 내려 시금치물을 만든다.

2 **시금치물·이스트 섞기** 시금치물에 드라이 이스트를 넣어 1분간 그대로
  둔 다음, 가라앉기 시작하면 골고루 섞는다.

3 **소금·올리브오일 섞기** ②에 소금을 녹이고, 올리브오일을 넣어 주걱
  으로 섞는다.

4 **반죽해서 휴지시키기** ③에 강력분을 넣어 밀가루가 보이지 않을 때까지
  주걱으로 반죽한 다음 볼에 랩을 씌워 실온에서 15분간 휴지시킨다.

tip

냉장 발효할 때는 4번만 접고 냉장
고에 넣어 12~18시간 저온 숙성한다.

5 반죽 접기 손에 물을 묻혀 휴지가 끝난 반죽을 잡아당겨 접고, 그릇을
90°로 돌려가며 8번 접는다. 휴지-접기 과정을 5회 반복한다.

6 1차 발효시키기 반죽에 다시 랩을 씌워 25~27℃에서 60~90분간 1차
발효시킨다.

7 중간 발효시키기 반죽이 2배로 부풀면 반죽을 꺼내 2등분한 다음 사방
을 접어 반죽을 둥글리고, 실온에서 20분간 중간 발효시킨다.

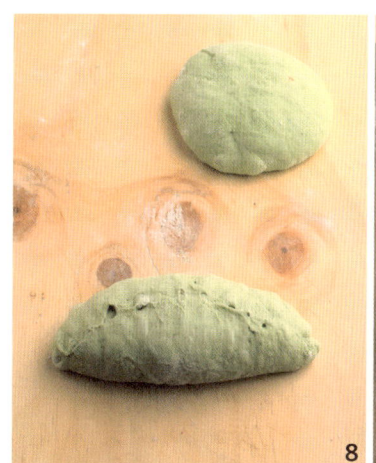

8 **모양내기** 발효시킨 반죽을 밀가루 뿌린 작업대에 뒤집어 꺼낸 다음 가스가 빠지지 않도록 가볍게 말면서 끝을 붙여 타원형을 만들고 밀가루를 뿌린다.

9 **2차 발효시키기** 캔버스천에 밀가루를 뿌려 반죽의 붙인 부분이 위를 향하게 두고 비닐을 덮어 22~24℃에서 40~50분 2차 발효시킨다.

10 **굽기** 반죽이 1.8~2배 부풀면 실리콘페이퍼로 옮겨 칼집을 낸다. 240℃로 예열시킨 오븐에 넣어 뜨거운 물을 뿌려 스팀을 낸 다음 20분간 굽는다.

밀순 곶감빵

Wheat sprouted bread with dried persimmon

240℃ | 20min

2개 분량

밀순가루는 항산화 효과가 뛰어난 밀의 순을 말려 만든 것이에요.
밀순가루를 넣은 반죽에 잣과 곶감을 넣은 밀순 곶감빵을 만들어보세요.
냉동 반건조 곶감이나 감말랭이를 넣으면 쫀득함을 조절할 수 있어요.

재료

강력분 243g
물 195mL
잣 80g
곶감 100g
밀순가루 7g
메이플시럽 10g
올리브오일 10g
소금 5g
드라이 이스트 1g

1 **물·이스트 섞기** 물에 드라이 이스트를 넣어 1분간 그대로 둔 다음, 가라
앉기 시작하면 골고루 섞는다.

2 **소금·메이플시럽·밀순가루 섞기** ①에 소금과 메이플시럽을 넣어 녹이고,
밀순가루를 넣어 주걱으로 섞는다.

3 **재료 섞어 반죽하기** ②에 올리브오일을 섞고 강력분, 잣, 네모지게 썬
곶감을 넣어 밀가루가 보이지 않을 때까지 반죽한다.

tip

냉장 발효할 때는 4번만 접고 냉장고
에 넣어 12~18시간 저온 숙성한다.

4 **휴지시키기** 반죽이 다 되면 랩을 씌워 실온에서 15분간 휴지시킨다.

5 **반죽 접기** 손에 물을 묻혀 휴지가 끝난 반죽을 잡아당겨 접고, 그릇을
90°로 돌려가며 8번 접는다. 휴지-접기 과정을 5회 반복한다.

6 **1차 발효시키기** 매끈해진 반죽에 다시 랩을 씌워 25~27℃에서 60~90분
간 1차 발효시킨다.

7 **2등분해 중간 발효시키기** 반죽이 2배로 부풀면 반죽을 꺼내 2등분해 사방을 접어 살짝 둥글리고, 비닐을 덮어 실온에서 20분간 중간 발효 시킨다.

8 **모양내기** 발효시킨 반죽을 밀가루 뿌린 작업대에 올려 가스가 빠지지 않도록 가볍게 말면서 끝을 붙여 길쭉한 모양으로 만들고 밀가루를 뿌린다.

9 **2차 발효시키기** 바게트 팬에 반죽의 붙인 부분을 아래로 향하게 놓고 비닐을 덮어 실온 22~24℃에서 40~50분 2차 발효시킨다.

10 **굽기** 반죽이 1.8~2배 부풀면 칼집을 낸다. 240℃로 예열시킨 오븐에 넣고 뜨거운 물을 뿌려 스팀을 낸 다음 20분간 굽는다.

발효 케이크

Basic
발효케이크 만들기

발효케이크는 우리가 흔히 아는 버터케이크나 스폰지케이크와는 달리 약간 떡떡하지만 빵보다 부드럽고, 케이크보다 달지 않으면서 담백해 아침식사 대용으로 부담 없이 먹을 수 있다. 다른 케이크처럼 거품을 올리거나 버터를 크림화시켜야 하는 번거로움 없이, 자기 전에 모든 재료를 주걱으로 뚝딱 섞은 뒤 다음날 아침에 발효된 반죽을 팬에 넣고 굽기만 하면 된다.

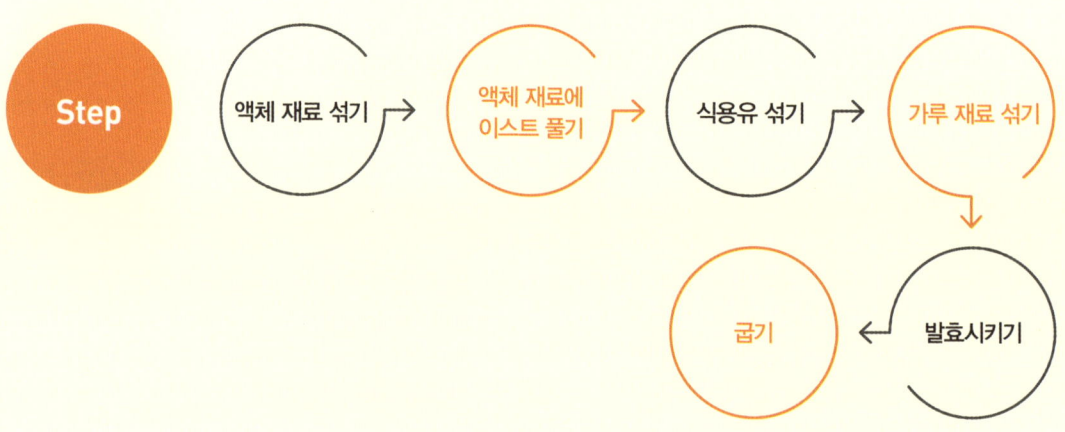

Step → 액체 재료 섞기 → 액체 재료에 이스트 풀기 → 식용유 섞기 → 가루 재료 섞기 → 발효시키기 → 굽기

준비 도구 | 볼, 저울, 주걱, 오븐, 파운드 틀

step 1

액체 재료 섞기

1 우유를 담아 잰다.

2 달걀을 우유와 섞어 주걱으로 푼다.

step 2

**액체 재료에
이스트 풀기**

3 달걀을 섞은 우유에 드라이 이스트를 넣고 5분간 그대로 둔다. 이때 바로 섞으면
   이스트가 섞이지 않고 덩어리진다.

4 이스트가 풀어져서 가라앉기 시작하면 주걱으로 서서히 섞어가며 푼다.

> tip

이스트는 어떤 종류를 사용해야 하나?
이스트는 크게 생 이스트, 드라이 이스트, 세미드라이 이스트가 있다. 생 이스트를 쓸
때는 드라이 이스트 양의 두 배를 사용하고, 잘 풀어지도록 손으로 비벼 잘게 만들어
준다. 세미드라이 이스트는 드라이 이스트와 생 이스트 중간 정도의 수분이 있어 냉
동 보관해야 하지만 생 이스트 다음으로 물에 잘 풀어지고 사용하기 편하다.
발효케이크는 설탕 함량이 높아 세미드라이 이스트나 드라이 이스트를 쓸 때는 고당
용을 사용해야 발효가 잘 일어난다.

step 3

식용유 섞기

5　④에 설탕과 소금을 넣어 녹인다.

6　설탕 입자가 보이지 않으면 식용유를 넣어 섞는다.

step 4

가루 재료 섞기

7　⑥에 밀가루를 넣어 주걱으로 덩어리가 없도록 매끄럽게 섞는다.

tip

밀가루 외에 다른 가루를 추가할 때는 언제 넣는 게 좋을까?
녹차가루나 코코아가루를 넣어 케이크를 만들고 싶다면 밀가루에 같이 섞어서 넣는
다. 가루 재료를 넣을 때는 너무 많이 섞으면 글루텐이 생겨 식감이 퍽퍽해지기 때문
에 재료가 잘 섞일 때까지만 가볍게 섞는 것이 포인트다.

step 5
발효 시키기

8 모든 재료가 잘 섞이면 반죽이 마르지 않도록 볼에 랩을 씌우고 실온(15~25℃)에서 하룻밤가량 두어 발효시킨다.

9 반죽이 3배로 커지고 표면에 많은 기포가 생기며 가운데가 살짝 가라앉기 직전의 상태가 되면 발효가 끝난 것이다. 온도와 환경에 따라 발효 시간이 달라질 수 있기 때문에 상태를 확인하고 발효를 판단해야 한다.

10 발효된 반죽을 주걱으로 살짝 저어 가스를 뺀다. 무반죽 케이크 만들기에는 2차 발효 과정이 없기 때문에 가스를 너무 많이 빼면 딱딱한 케이크가 될 수 있으므로 조심해야 한다. 만약 가스를 너무 많이 뺐을 경우 반죽을 팬에 붓고 따뜻한 곳에 1시간 정도 두어 발효시킨 뒤 굽는다. 천연 발효종으로 발효시켰을 경우 가스 빼기를 생략하고 바로 팬에 붓는다.

tip

발효는 어떻게 해야 하나?
여기서는 15~18℃에서 약 8시간 정도 발효시켰다. 여름처럼 온도가 높아 발효가 빨리 되는 경우에는 바로 사용하거나 실온에 1~2시간 두었다가 발효가 시작될 때쯤 냉장고에 넣어 12~18시간 저온 발효시키면 더욱 깊은 맛의 케이크가 만들어진다. 저온 발효 과정을 생략하고 장시간 숙성을 원할 때에는 이스트 양을 1/3~1/5로 줄여서 넣고 25℃에서 6시간 숙성하는 방법도 있다.

이스트 대신 천연 발효종을 사용하고 싶다면…
이스트 대신 천연 발효종을 사용할 경우 이스트를 빼고 가장 활발한 천연 발효 원종을 50g 넣어 발효시킨다. 설탕량이 많아 발효가 더디기 때문에 25~27℃에서 발효를 활성화해야 한다.

굽기

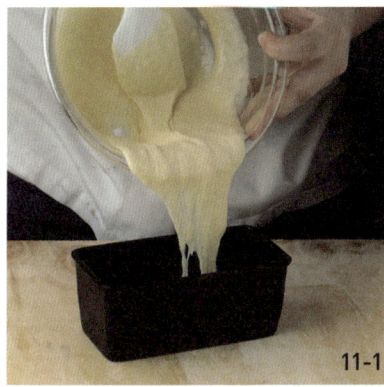

11-1

11-2

11 가스를 살짝 뺀 반죽을 파운드 틀에 담아 180℃로 예열된 오븐에 넣고 25분 간 굽는다. 이쑤시개로 가운데를 찔렀을 때 반죽이 묻어 나오지 않으면 완성된 것이다.

칼집을 내면 속까지 잘 익는다

파운드케이크는 굽기 중간에 꺼내서 칼집을 내는 것이 좋다. 칼집을 내면 속까지 잘 익고 완성된 모양이 먹음직스럽다.

1 파운드케이크 표면이 연한 노란색으로 변할 정도로 구워지면 오븐에서 꺼낸다.

2 가운데를 5mm 깊이로 반 가르듯이 칼집을 낸다.

3 칼집 낸 반죽을 다시 오븐에 넣어 굽는다.

플레인 발효케이크

Plain yeasted cake

200℃ | 25min

160*7.5*6.5mm
파운드케이크 틀
1개 분량

가장 간단한 기본 반죽으로 만들어 담백하게 즐길 수 있어요. 하루 전에 모든 재료를
미리 섞어두었다가 다음날 아침 출근 준비를 하는 동안 간단하게 구워보세요.

재료

중력분 125g
설탕 35g
소금 1g
우유 100mL
드라이 이스트 2g
카놀라유 37g
달걀 50g(1개)

1 **우유·달걀·이스트 섞기** 우유와 달걀을 주걱으로 섞은 다음, 드라이 이스트
를 넣고 5분간 그대로 둔다. 이스트가 가라앉기 시작하면 골고루 섞는다.

2 **설탕·소금·카놀라유 섞기** ①에 설탕과 소금을 넣고 섞은 다음 카놀라유
를 부어 재료에 잘 퍼지도록 마저 섞는다.

3 **밀가루 섞기** ②에 중력분을 넣고 밀가루가 보이지 않을 때까지 섞는다.

4 **발효시키기** 볼에 랩을 씌운 다음 반죽이 3배로 부풀고 표면에 기포가
많이 생길 때까지 15~25℃의 실온에서 4시간에서 하룻밤 정도 둔다.

5 **오븐에 굽기** 주걱으로 가스를 살짝 빼 파운드케이크 틀에 담고, 오븐을
200℃로 예열시킨 뒤 온도를 180℃로 낮춰 25분간 굽는다.

tip
실온 15~18℃에서는 하룻밤이면
알맞게 발효가 되지만 온도가 높
은 여름에는 실온에 잠깐 두었다가
냉장 발효시키는 것이 좋다. 과발
효시키면 풍미가 나빠지므로 주의
한다.

tip
오븐 문을 열고 닫으면서 온도가
내려가기 때문에 200℃로 예열하
고 180℃에서 굽는다.

강력분과 박력분, 이런 차이가 있다

발효 케이크를 만들 때는 중력분 대신 우리밀이나 다른 밀가루를 써도 된다. 박력분
으로 만들면 반죽이 질어져 케이크가 더 가볍고 부드러워지며, 강력분으로 만들면
묵직하면서도 쫀득쫀득한 케이크가 만들어진다.

바나나 호두 케이크

Banana & walnut yeasted cake

200℃ | 25min

160*7.5*6.5mm
파운드케이크 틀
1개 분량

바나나가 오래돼서 검게 변했다면 으깨서 발효빵을 만들어보세요.
은은하게 퍼지는 바나나 향이 집안을 가득 채운답니다.
여기에 살짝 구운 호두를 곁들이면 베이킹파우더 없이도 멋진 바나나 케이크가 완성됩니다.

재료

중력분 125g
설탕 33g
소금 1g
우유 60mL
바나나 2/3개(70g)
드라이 이스트 2g
카놀라유 35g
달걀 50g(1개)
다진 호두 40g

1 **우유·바나나·달걀·이스트 섞기** 우유와 바나나를 섞어 잘 으깨고 달걀을 넣어 푼 다음, 드라이 이스트를 넣고 5분간 그대로 둔다. 이스트가 가라앉기 시작하면 골고루 섞는다.

2 **설탕·소금·호두·카놀라유 섞기** ①에 설탕과 소금, 다진 호두를 넣어 가볍게 섞고, 카놀라유를 넣어 재료에 잘 퍼지도록 마저 섞는다.

3 **밀가루 섞기** ②에 중력분을 넣고 밀가루가 보이지 않을 때까지 반죽한다.

4 **발효시키기** 볼에 랩을 씌운 뒤 반죽이 3배로 부풀고 표면에 기포가 많이 생길 때까지 15~25℃의 실온에 4시간에서 하룻밤 정도 둔다.

5 **오븐에 굽기** 주걱으로 가스를 살짝 빼 파운드케이크 틀에 담고 얇게 썬 바나나를 반죽 위에 얹은 뒤 200℃로 예열시킨 오븐 온도를 180℃로 낮춰 25분간 굽는다.

tip

실온 15~18℃에서는 하룻밤이면 알맞게 발효가 되지만 온도가 높은 여름에는 실온에 잠깐 두었다가 냉장 발효시키는 것이 좋다. 과발효시키면 풍미가 나빠지므로 주의한다.

tip

오븐 문을 열고 닫으면서 온도가 내려가기 때문에 200℃로 예열하고 180℃에서 굽는다.

당근 케이크

Carrot yeasted cake

200℃ | 25min

160*7.5*6.5mm
파운드케이크 틀
1개 분량

당근과 건포도의 씹히는 맛이 좋은 당근 케이크랍니다. 만들기 간편하고 영양도 풍부해
인기가 아주 많은 당근 케이크를 베이킹파우더 없이 발효만으로 후다닥 만들 수 있어요.

재료

중력분 125g
설탕 33g
소금 1g
연유 10g
당근 1개(300g)
드라이 이스트 2g
카놀라유 35g
달걀 50g(1개)
건포도 50g

tip

실온 15~18℃에서는 하룻밤이면
알맞게 발효가 되지만 온도가 높
은 여름에는 실온에 잠깐 두었다가
냉장 발효시키는 것이 좋다. 과발
효시키면 풍미가 나빠지므로 주의
한다.

tip

오븐 문을 열고 닫으면서 온도가
내려가기 때문에 200℃로 예열하
고 180℃에서 굽는다.

1 **당근 손질하기** 깨끗이 손질한 당근을 2/3는 착즙기에 넣고 건더기를
체에 걸러 90mL의 당근주스를 만들고, 나머지 1/3은 채 썬다.

2 **당근주스·연유·달걀·이스트 섞기** 당근주스, 연유, 달걀을 잘 섞은 뒤,
드라이 이스트를 넣고 5분간 그대로 둔다. 이스트가 가라앉기 시작하면
골고루 섞는다.

3 **설탕·소금·건포도·당근 섞기** ②에 설탕과 소금을 넣고 가볍게 섞은 다음,
건포도와 채 썬 당근을 넣어 마저 섞는다. 이어서 카놀라유를 넣고 재료
에 잘 퍼지도록 섞는다.

4 **밀가루 섞기** ③에 중력분을 넣고 밀가루가 보이지 않을 때까지 섞어 반죽한다.

5 **발효시키기** 볼에 랩을 씌운 뒤 반죽이 3배 정도로 부풀고 표면에 기포
가 많이 생길 때까지 15~25℃ 실온에 최소 4시간에서 하룻밤 정도 둔다.

6 **오븐에 굽기** 주걱으로 가스를 살짝 빼 파운드케이크 틀에 담고, 굵게
썬 당근을 반죽 위에 얹어 장식한 뒤 200℃로 예열한 오븐 온도를 180℃
로 내려 25분간 굽는다.

고구마 케이크

Sweet potato yeasted cake

200℃ | 25min

160*7.5*6.5mm
파운드케이크 틀
1개 분량

섬유질이 풍부한 고구마가 듬뿍 들어간 케이크는 몇 조각만 먹어도 든든하죠.
여기에 호밀가루를 함께 넣으면 구수한 맛이 더욱 좋아 저절로 건강해지는 기분이 들어요.

재료

중력분 100g
호밀가루 25g
꿀 37g
소금 1g
두유 100mL
드라이 이스트 2g
카놀라유 35g
달걀 50g(1개)
고구마 1개(120g)

1 고구마 삶아 썰기 고구마를 깨끗이 손질해 찜통에 30분간 찐다. 찐 고구마는 껍질을 벗겨 완전히 식힌 다음 가로세로 2cm 크기로 네모지게 썬다.

2 두유·달걀·이스트 섞기 두유와 달걀을 잘 섞고, 드라이 이스트를 넣어 5분간 그대로 둔다. 이스트가 가라앉기 시작하면 골고루 섞는다.

3 꿀·소금·카놀라유 섞기 ②에 꿀과 소금을 넣어 주걱으로 가볍게 섞은 다음, 카놀라유를 부어 재료에 잘 퍼지도록 마저 섞는다.

4 가루 재료·고구마 섞기 ③에 중력분과 호밀가루를 넣고 밀가루가 보이지 않을 때까지 섞어 반죽한 다음, 썰어둔 고구마를 넣고 섞는다.

5 발효시키기 볼에 랩을 씌워 반죽이 3배로 부풀고 표면에 기포가 많이 생길 때까지 15~25℃의 실온에 최소 4시간에서 하룻밤 정도 둔다.

6 오븐에 굽기 주걱으로 가스를 살짝 빼 파운드케이크 틀에 담고, 삶은 고구마를 동그랗게 썰어 반죽 위에 올려 장식한 뒤, 200℃로 예열한 오븐 온도를 180℃로 낮춰 25분간 굽는다.

tip

실온 15~18℃에서는 하룻밤이면 알맞게 발효가 되지만 온도가 높은 여름에는 실온에 잠깐 두었다가 냉장 발효시키는 것이 좋다. 과발효시키면 풍미가 나빠지므로 주의한다.

tip

오븐 문을 열고 닫으면서 온도가 내려가기 때문에 200℃로 예열하고 180℃에서 굽는다.

블루베리 케이크

Yeasted blueberry cake

200℃ | 25min

160*7.5*6.5mm
파운드케이크 틀
1개 분량

기본 반죽에 블루베리를 섞어 굽기만 하면 되기 때문에
만들기 쉽고 은은한 블루베리 향도 일품이에요. 크럼블을 위에 뿌려 모양까지 더했어요.

재료

중력분 125g
설탕 37g
소금 1g
우유 100mL
드라이 이스트 2g
카놀라유 37g
달걀 50g(1개)
냉동 블루베리 50g

크럼블

중력분 110g
설탕 50g
버터 45g
헤이즐넛 페이스트 10g
꿀 9g
생크림 10g

1 **크럼블 만들기** 크럼블용 중력분을 체에 내려둔다. 볼에 생크림을 뺀 나머지 재료를 넣고 섞어 크림화시킨 뒤, 생크림을 조금씩 넣어가며 휘핑하다가 체에 내린 중력분을 넣고 주걱으로 자르듯이 섞어 보슬보슬하게 한다.

2 **우유·달걀·이스트 섞기** 우유와 달걀을 잘 섞어 풀고, 드라이 이스트를 넣어 5분간 그대로 둔다. 이스트가 가라앉기 시작하면 고루 섞는다.

3 **설탕·소금·카놀라유 섞기** ②에 설탕과 소금을 넣고 가볍게 섞은 다음 카놀라유를 부어 재료에 기름이 잘 퍼지도록 충분히 섞는다.

4 **밀가루 섞기** ③에 중력분을 넣고 밀가루가 보이지 않을 때까지 섞어 반죽한다.

5 **발효시키기** 볼에 랩을 씌워 반죽이 3배로 부풀고 표면에 기포가 많이 생길 때까지 15~25℃의 실온에 최소 4시간에서 하룻밤 정도 둔다.

6 **오븐에 굽기** 냉동 블루베리를 넣어 섞은 뒤 틀에 담고 크럼블을 뿌린 뒤, 200℃로 예열한 오븐 온도를 180℃로 낮춰 25분간 굽는다.

tip

여름에는 실온에 잠깐 두었다가 냉장 발효시키는 것이 좋다. 온도가 높으면 과발효가 일어나 풍미가 나빠지므로 주의한다.

tip

오븐 문을 열고 닫으면서 온도가 내려가기 때문에 200℃로 예열하고 180℃에서 굽는다.

냉동 블루베리는 수분이 많아 발효 과정 동안 수분이 밖으로 나와 반죽을 질게 만든다. 발효가 끝난 반죽에 넣고 살짝 섞은 뒤 구워야 반죽에 영향을 안 미치고 새콤한 맛이 살아난다.

사과 케이크

Apple yeasted cake

200℃ | 25min

160*7.5*6.5mm
파운드케이크 틀
1개 분량

듬성듬성 자른 사과를 반죽에 섞어 구워 촉촉함이 한껏 살아있어요.
그윽한 계피 향이 더해져 티타임 간식으로도 훌륭하죠. 사과를 버터와 설탕에 졸여 넣어도 맛있답니다.

재료

중력분 125g
꿀 35g
소금 1g
우유 100mL
드라이 이스트 2g
카놀라유 37g
달걀 50g(1개)
계핏가루 5g
사과 1/2개

1 **우유·달걀·이스트 섞기** 우유와 달걀을 잘 섞고, 드라이 이스트를 넣어 5분간 그대로 둔다. 이스트가 가라앉기 시작하면 골고루 섞는다.

2 **꿀·소금·카놀라유 섞기** ①에 꿀과 소금을 넣고 가볍게 섞은 다음, 카놀라유를 부어 재료에 잘 퍼지도록 충분히 섞는다.

3 **가루 재료 섞기** ②에 계핏가루와 중력분을 넣고 밀가루가 보이지 않을 때까지 섞어 반죽한다.

4 **사과 썰어 넣기** 사과를 2cm 크기로 썰어 반죽에 넣어 섞는다.

5 **발효시키기** 볼에 랩을 씌워 반죽이 3배로 부풀고 표면에 기포가 많이 생길 때까지 15~25℃의 실온에 최소 4시간에서 하룻밤 정도 둔다.

6 **오븐에 굽기** 주걱으로 가스를 살짝 빼 파운드케이크 틀에 담고, 얇게 썬 사과를 반죽 위에 올려 장식한 뒤 200℃로 예열한 오븐 온도를 180℃로 내려 25분간 굽는다.

tip

실온 15~18℃에서는 하룻밤이면 알맞게 발효가 되지만 온도가 높은 여름에는 실온에 잠깐 두었다가 냉장 발효시키는 것이 좋다. 과발효시키면 풍미가 나빠지므로 주의한다.

tip

오븐 문을 열고 닫으면서 온도가 내려가기 때문에 200℃로 예열하고 180℃에서 굽는다.

녹차 팥 케이크

Green tea & red bean yeasted cake

200℃ | 25min

160*7.5*6.5mm
파운드케이크 틀
1개 분량

일본에서는 팥이 들어간 디저트에 녹차를 곁들이는 게 격식일 정도로 팥과 녹차는 잘 어울려요.
카테킨 성분이 가득한 녹차와 팥을 섞으면 영양 만점 맛있는 케이크가 완성됩니다.

재료

중력분 115g
녹차가루 10g
설탕 37g
소금 1g
두유 100mL
드라이 이스트 2g
카놀라유 35g
달걀 50g(1개)
팥 80g

1 **팥 삶기** 팥을 냄비에 넣고 팥 껍질이 탱탱해질 때까지 삶는다. 처음 삶은 물을 버리고 다시 물을 부어 부드러워질 때까지 한 번 더 삶는다.

2 **두유·달걀·이스트 섞기** 두유와 달걀을 잘 섞고, 드라이 이스트를 넣어 5분간 그대로 둔다. 이스트가 가라앉기 시작하면 골고루 섞는다.

3 **설탕·소금·녹차가루·팥 섞기** ②에 설탕과 소금을 넣고 섞은 뒤, 녹차가루와 삶은 팥을 넣어 카놀라유를 넣어 재료에 잘 퍼지도록 섞는다.

4 **밀가루 섞기** ③에 중력분을 넣고 밀가루가 보이지 않을 때까지 반죽한다.

5 **발효시키기** 볼에 랩을 씌운 뒤 반죽이 3배로 부풀고 표면에 기포가 많이 생길 때까지 15~25℃의 실온에 최소 4시간에서 하룻밤 정도 둔다.

6 **오븐에 굽기** 반죽의 가스를 살짝 빼 틀에 담고, 삶은 팥을 조금 반죽 위에 장식한 뒤 200℃로 예열한 오븐 온도를 180℃로 내려 25분간 굽는다.

tip

실온 15~18℃에서는 하룻밤이면 알맞게 발효가 되지만 온도가 높은 여름에는 실온에 잠깐 두었다가 냉장 발효시키는 것이 좋다. 과발효시키면 풍미가 나빠지므로 주의한다.

tip

오븐 문을 열고 닫으면서 온도가 내려가기 때문에 200℃로 예열하고 180℃에서 굽는다.

녹차가루, 이럴 땐 이렇게

어떤 녹차가루를 쓰느냐에 따라 케이크의 색이 달라진다. 연하고 은은한 색을 원하면 국산 녹차가루가 좋고, 선명하고 예쁜 녹색 케이크를 원하면 일본산 말차를 쓰면 된다.

올리브 케이크

Yeasted olive cake

200℃ | 25min

160*7.5*6.5mm
파운드케이크 틀
1개 분량

올리브는 불포화지방산과 폴리페놀이 풍부한 세계 3대 장수식품 중 하나예요. 올리브와 바질,
오레가노를 함께 섞어 케이크를 구우면 더욱 향긋한 올리브 케이크가 만들어지죠.

재료

중력분 125g
설탕 15g
소금 1g
우유 100g
드라이 이스트 2g
올리브유 35g
블랙올리브 80g
이탈리안 허브믹스 1g
달걀 50g(1개)

1 **우유·달걀·이스트 섞기** 우유와 달걀을 잘 섞고, 드라이 이스트를 넣어
5분간 그대로 둔다. 이스트가 가라앉기 시작하면 골고루 섞는다.

2 **설탕·소금·올리브유 섞기** ①에 설탕과 소금을 넣고 가볍게 섞은 다음,
올리브유를 부어 재료에 기름이 잘 퍼지도록 충분히 섞는다.

3 **밀가루 섞기** ②에 중력분을 넣고 밀가루가 보이지 않을 때까지 섞는다.

4 **올리브 섞기** 블랙올리브와 이탈리안 허브믹스를 얇게 썰어 반죽에 넣고
가볍게 섞는다.

5 **발효시키기** 볼에 랩을 씌워 반죽이 3배로 부풀고 표면에 기포가 많이
생길 때까지 15~25℃의 실온에 최소 4시간에서 하룻밤 정도 둔다.

6 **오븐에 굽기** 주걱으로 반죽의 가스를 살짝 빼 틀에 담고, 얇게 썬 올리
브를 반죽 위에 올려 장식한 뒤 200℃로 예열한 오븐 온도를 180℃로
내려 25분간 굽는다.

tip

실온 15~18℃에서는 하룻밤이면
알맞게 발효가 되지만 온도가 높
은 여름에는 실온에 잠깐 두었다가
냉장 발효시키는 것이 좋다. 과발
효시키면 풍미가 나빠지므로 주의
한다.

코코넛 크랜베리 케이크

Coconut & cranberry yeasted cake

200℃ | 25min

160*7.5*6.5mm
파운드케이크 틀
1개 분량

부드러운 코코넛밀크와 새콤달콤한 크랜베리가 잘 어울리는 새로운 케이크입니다.
코코넛밀크는 우유 대신 쓰기 좋아요. 크랜베리가 없을 땐 말린 열대과일을 넣어보세요.

재료

중력분 125g
코코넛 슈거 35g
소금 1g
코코넛밀크 100mL
드라이 이스트 2g
카놀라유 35g
달걀 50g(1개)
코코넛 슬라이스 30g
크랜베리 50g

1 **코코넛밀크·달걀·이스트 섞기** 코코넛밀크와 달걀을 잘 섞고, 드라이 이스트를 넣어 5분간 그대로 둔다. 이스트가 가라앉기 시작하면 골고루 섞는다.

2 **코코넛 슈거·소금·카놀라유 섞기** ①에 잘게 다진 코코넛 슈거와 소금을 넣어 가볍게 섞은 다음, 카놀라유를 부어 재료에 잘 퍼지도록 충분히 섞는다.

3 **과일·밀가루 섞기** ②에 코코넛 슬라이스와 크랜베리를 넣고 섞은 다음, 중력분을 넣고 밀가루가 보이지 않을 때까지 섞어 반죽한다.

4 **발효시키기** 볼에 랩을 씌워 반죽이 3배로 부풀고 표면에 기포가 많이 생길 때까지 15~25℃의 실온에 최소 4시간에서 하룻밤 정도 둔다.

5 **오븐에 굽기** 주걱으로 가스를 살짝 빼 틀에 담고, 코코넛 슬라이스와 크랜베리를 살짝 뿌린 뒤 200℃로 예열한 오븐 온도를 180℃로 내려 25분간 굽는다.

tip

실온 15~18℃에서는 하룻밤이면 알맞게 발효가 되지만 온도가 높은 여름에는 실온에 잠깐 두었다가 냉장 발효시키는 것이 좋다. 과발효시키면 풍미가 나빠지므로 주의한다.

tip

오븐 문을 열고 닫으면서 온도가 내려가기 때문에 200℃로 예열하고 180℃에서 굽는다.

코코넛 슈거는 어디서 구할 수 있나?

독특한 캐러멜 향과 감칠맛이 좋은 코코넛 슈거는 수입식품점에서 판매한다. 동남아 지역에서는 설탕 대신 사용한다. 코코넛 슈거가 없다면 비정제 설탕을 사용해도 된다.

무화과 통밀 케이크

Wholemeal yeasted cake with fig

200℃ | 25min

160*7.5*6.5mm
파운드케이크 틀
1개 분량

밀을 통째로 갈아 만든 통밀가루에 식이섬유와 비타민이 풍부한 무화과를 넣어
건강한 케이크를 만들었어요. 통밀의 거친 질감을 쫀득한 무화과가 잡아줘 퍽퍽하지 않답니다.

재료

중력분 75g
통밀가루 50g
설탕 35g
소금 1g
우유 100mL
드라이 이스트 2g
카놀라유 35g
달걀 50g(1개)
반건조 무화과 80g

1 **무화과 자르기** 반건조 무화과를 4등분으로 자른다.

2 **우유·달걀·이스트 섞기** 우유와 달걀을 잘 섞고, 드라이 이스트를 넣어
   5분간 그대로 둔다. 이스트가 가라앉기 시작하면 골고루 섞는다.

3 **설탕·소금·카놀라유 섞기** ②에 설탕과 소금을 넣어 주걱으로 가볍게
   섞은 다음, 카놀라유를 부어 재료에 잘 퍼지도록 충분히 섞는다.

4 **가루 재료·무화과 섞기** ③에 통밀가루를 넣고 가볍게 섞은 뒤, 반건조
   무화과를 넣고 마저 섞는다. 중력분을 넣고 밀가루가 보이지 않을 때까
   지 섞어 반죽한다.

5 **발효시키기** 볼에 랩을 씌워 반죽이 3배로 부풀고 표면에 기포가 많이
   생길 때까지 15~25℃의 실온에 최소 4시간에서 하룻밤 정도 둔다.

6 **오븐에 굽기** 주걱으로 가스를 살짝 빼 파운드케이크 틀에 담고, 반건조
   무화과를 올려 장식한 뒤 200℃로 예열한 오븐 온도를 180℃로 내려
   25분간 굽는다.

tip

실온 15~18℃에서는 하룻밤이면
알맞게 발효가 되지만 온도가 높
은 여름에는 실온에 잠깐 두었다가
냉장 발효시키는 것이 좋다. 과발
효시키면 풍미가 나빠지므로 주의
한다.

tip

오븐 문을 열고 닫으면서 온도가
내려가기 때문에 200℃로 예열하
고 180℃에서 굽는다.

오렌지 호밀 케이크

Rye cake with orange

200℃ | 25min

160*7.5*6.5mm
파운드케이크 틀
1개 분량

투박한 호밀과 향긋한 오렌지의 만남. 호밀의 거친 질감과 독특한 곡물 냄새 때문에
언뜻 케이크와 어울리지 않을 것 같지만 은은한 오렌지 향 덕분에 산뜻한 맛이 나요.

재료

중력분 90g
호밀가루 35g
설탕 30g
소금 1g
오렌지주스 50mL
우유 50mL
드라이 이스트 2g
카놀라유 37g
달걀 50g(1개)
오렌지 1개

1 **우유·달걀·이스트 섞기** 우유와 오렌지주스, 달걀을 잘 섞고, 드라이
  이스트를 넣어 5분간 그대로 둔다. 이스트가 가라앉기 시작하면 골고루
  섞는다.

2 **설탕·소금·카놀라유 섞기** ①에 설탕과 소금을 넣고 가볍게 섞은 다음
  카놀라유를 부어 재료에 기름이 잘 퍼지도록 충분히 섞는다.

3 **가루 재료 섞기** ②에 호밀가루와 중력분을 넣고 밀가루가 보이지 않을
  때까지 섞어 반죽한다.

4 **오렌지 제스트 섞기** 오렌지를 깨끗이 씻은 뒤 껍질 부분만 강판에 갈아
  반죽에 넣고 잘 섞는다.

5 **발효시키기** 볼에 랩을 씌워 반죽이 3배로 부풀고 표면에 기포가 많이
  생길 때까지 15~25℃의 실온에 최소 4시간에서 하룻밤 정도 둔다.

6 **오븐에 굽기** 주걱으로 가스를 살짝 빼 틀에 담고, 오렌지 슬라이스를 얹어
  장식한 뒤 200℃로 예열한 오븐 온도를 180℃로 내려 25분간 굽는다.

tip

실온 15~18℃에서는 하룻밤이면
알맞게 발효가 되지만 온도가 높
은 여름에는 실온에 잠깐 두었다가
냉장 발효시키는 것이 좋다. 과발
효시키면 풍미가 나빠지므로 주의
한다.

tip

오븐 문을 열고 닫으면서 온도가
내려가기 때문에 200℃로 예열하
고 180℃에서 굽는다.

과일 케이크

Spice cake with dried fruits

200℃ │ 25min

160*7.5*6.5mm
파운드케이크 틀
1개 분량

서양에서는 말린 과일을 듬뿍 넣은 과일 케이크를 주로 크리스마스처럼 특별한 날에 만들어 먹어요.
여기에 계피, 넛멕, 카다몸 같은 향신료가 들어가면 과일의 달콤한 맛이 두 배로!

재료

중력분 100g
통밀가루 25g
흑설탕 40g
소금 1g
우유 100mL
드라이 이스트 3g
카놀라유 35g
달걀 50g(1개)
건포도 50g
레몬 필 15g
오렌지 필 35g
프룬·크랜베리·피칸 50g씩
설탕 시럽 1컵 (물 : 설탕 = 10 : 3)

향신료*

계핏가루 5g, 넛멕가루 2g
카다몸가루·정향가루 1g씩

* 향신료를 모두 넣어야 제 맛이 나지만 전부 구비하기 어려우면 계핏가루만 넣는다.

tip

실온 15~18℃에서는 하룻밤이면 알맞게 발효가 되지만 온도가 높은 여름에는 실온에 잠깐 두었다가 냉장 발효시키는 것이 좋다. 과발효시키면 풍미가 나빠지므로 주의한다.

tip

오븐 문을 열고 닫으면서 온도가 내려가기 때문에 200℃로 예열하고 180℃에서 굽는다.

1 **말린 과일·피칸 준비하기** 건포도, 레몬 필, 오렌지 필, 프룬, 크랜베리를 설탕 시럽에 넣어 하루 동안 재운다. 피칸은 160℃의 오븐에 구워 식힌다.

2 **우유·달걀·이스트 섞기** 우유와 달걀을 잘 섞고, 드라이 이스트를 넣어 5분간 그대로 둔다. 이스트가 가라앉기 시작하면 골고루 섞는다.

3 **흑설탕·소금·카놀라유 섞기** ②에 흑설탕과 소금을 넣어 가볍게 섞은 다음, 카놀라유를 부어 재료에 기름이 잘 퍼지도록 충분히 섞는다.

4 **향신료·말린 과일·피칸 섞기** ③에 향신료를 모두 넣고 가볍게 섞은 뒤, 시럽에 담근 말린 과일과 구운 피칸을 넣고 섞는다.

5 **가루 재료 섞기** ④에 중력분과 통밀가루를 넣고 섞어 반죽한다.

6 **발효시키기** 볼에 랩을 씌워 반죽이 3배로 부풀고 표면에 기포가 많이 생길 때까지 15~25℃의 실온에 최소 4시간에서 하룻밤 정도 둔다.

7 **오븐에 굽기** 주걱으로 가스를 살짝 빼 파운드케이크 틀에 담고, 200℃로 예열한 오븐 온도를 180℃로 내려 25분간 굽는다.

햄 채소 케이크

Ham & vegetable yeasted cake

200℃ | 25min

160*7.5*6.5mm
파운드케이크 틀
1개 분량

감자, 당근, 양파, 소시지가 듬뿍 들어간 영양 만점 케이크.
바쁜 아침, 햄 채소 케이크를 한 조각 썰어 먹으면 든든한 한 끼 식사 끝!

재료

중력분 125g
설탕 20g
소금 1g
우유 100mL
드라이 이스트 2g
카놀라유 37g
달걀 50g(1개)
소시지 50g
감자 1/3개
당근 1/4개
양파 1/4개
후춧가루 약간
카레가루 약간
올리브오일 약간

1 **우유·달걀·이스트 섞기** 우유와 달걀을 잘 섞고, 드라이 이스트를 넣어
5분간 그대로 둔다. 이스트가 가라앉기 시작하면 골고루 섞는다.

2 **설탕·소금·카놀라유 섞기** ①에 설탕과 소금을 넣고 섞은 뒤, 카놀라유를
넣어 재료에 잘 퍼지도록 마저 섞는다.

3 **밀가루 섞기** ②에 중력분을 넣어 밀가루가 보이지 않을 때까지 반죽한다.

4 **발효시키기** 볼에 랩을 씌운 뒤 반죽이 3배로 부풀고 표면에 기포가
많이 생길 때까지 15~25℃의 실온에 최소 4시간에서 하룻밤 정도 둔다.

5 **채소·소시지 볶기** 감자, 당근, 양파, 소시지를 사방 1cm 크기로 네모지게
썬다. 프라이팬에 올리브오일을 두르고 양파를 넣어 달달 볶다가 노릇노
릇해지면 당근, 감자, 소시지를 넣고 중간 불에서 2분간 더 볶는다.

6 **간해서 반죽에 섞기** ⑤에 후춧가루와 카레가루를 뿌려 간한 다음, 한 김
식혀 미지근해지면 발효된 반죽에 넣어 살짝 섞는다.

7 **굽기** 반죽을 틀에 담고, 200℃로 예열한 오븐의 온도를 180℃로 내려
25분간 굽는다.

tip

실온 15~18℃에서는 하룻밤이면
알맞게 발효가 되지만 온도가 높
은 여름에는 실온에 잠깐 두었다가
냉장 발효시키는 것이 좋다. 과발
효시키면 풍미가 나빠지므로 주의
한다.

tip

오븐 문을 열고 닫으면서 온도가
내려가기 때문에 200℃로 예열하
고 180℃에서 굽는다.

검은깨 두부 케이크
Tofu & black sesame cake

200℃ | 25min

160*7.5*6.5mm
파운드케이크 틀
1개 분량

두부와 두유를 넣어 촉촉함이 살아 있는 특별한 케이크. 우유 대신 두유를 사용해
고소한 맛이 일품이죠. 여기에 콕콕 박힌 검은깨의 씹히는 맛도 좋아 자꾸만 손이 간답니다.

재료

중력분 125g
설탕 30g
소금 1g
두유 80mL
드라이 이스트 2g
두부 70g
볶은 검은깨 3g
카놀라유 35g
달걀 50g(1개)

1 **두유·두부 으깨기** 두유와 두부를 섞어 주걱으로 곱게 으깬다.

2 **검은깨·달걀 섞기** ①에 검은깨를 넣고 섞은 뒤 달걀을 넣어 마저 섞는다.

3 **이스트 섞기** ②에 드라이 이스트를 넣고 5분간 그대로 둔다. 이스트가
가라앉기 시작하면 골고루 섞는다.

4 **설탕·소금·카놀라유 섞기** ③에 설탕과 소금을 넣고 가볍게 섞은 다음,
카놀라유를 부어 재료에 기름이 잘 퍼지도록 충분히 섞는다.

5 **밀가루 섞기** ④에 중력분을 넣고 밀가루가 보이지 않을 때까지 섞어
반죽한다.

6 **발효시키기** 볼에 랩을 씌워 반죽이 3배로 부풀고 표면에 기포가 많이
생길 때까지 15~25℃의 실온에 최소 4시간에서 하룻밤 정도 둔다.

7 **오븐에 굽기** 주걱으로 가스를 살짝 빼 파운드케이크 틀에 담고, 검은깨
를 뿌린 뒤 200℃로 예열한 오븐 온도를 180℃로 내려 25분간 굽는다.

tip

실온 15~18℃에서는 하룻밤이면
알맞게 발효가 되지만 온도가 높
은 여름에는 실온에 잠깐 두었다가
냉장 발효시키는 것이 좋다. 과발
효시키면 풍미가 나빠지므로 주의
한다.

tip

오븐 문을 열고 닫으면서 온도가
내려가기 때문에 200℃로 예열하
고 180℃에서 굽는다.

비트 레몬 케이크

Beetroot & lemon yeasted cake

200℃ | 25min

160*7.5*6.5mm
파운드케이크 틀
1개 분량

천연 색소인 비트로 붉은색을 낸 건강 케이크예요. 반죽이 발효되는 동안 비트 색이 더욱 진해져 다 구워지면 예쁜 색을 띤답니다. 레몬을 넣어 상큼한 맛까지 더했어요.

재료

중력분 125g
설탕 35g
소금 1g
우유 70mL
비트 50g
드라이 이스트 2g
카놀라유 35g
달걀 50g(1개)
레몬 제스트 1작은술
믹스 필 30g

tip

실온 15~18℃에서는 하룻밤이면 알맞게 발효가 되지만 온도가 높은 여름에는 실온에 잠깐 두었다가 냉장 발효시키는 것이 좋다. 과발효시키면 풍미가 나빠지므로 주의한다.

tip

오븐 문을 열고 닫으면서 온도가 내려가기 때문에 200℃로 예열하고 180℃에서 굽는다.

1 **비트·레몬 손질해 갈기** 비트는 껍질을 벗겨 우유와 같이 믹서에 넣어 곱게 갈고, 레몬은 깨끗이 씻어 노란 껍질 부분만 강판에 간다.

2 **우유·비트주스·달걀·이스트 섞기** 우유, 비트주스, 달걀을 잘 섞고, 드라이 이스트를 넣어 5분간 그대로 둔다. 이스트가 가라앉기 시작하면 골고루 섞는다.

3 **설탕·소금·카놀라유 섞기** ②에 설탕과 소금을 넣고 가볍게 섞은 다음, 카놀라유를 부어 재료에 기름이 잘 퍼지도록 충분히 섞는다.

4 **믹스 필·레몬 제스트·밀가루 섞기** ③에 믹스 필과 레몬 제스트를 넣은 다음 중력분을 넣고 밀가루가 보이지 않을 때까지 섞어 반죽한다.

5 **발효시키기** 볼에 랩을 씌워 반죽이 3배로 부풀고 표면에 기포가 많이 생길 때까지 15~25℃의 실온에 최소 4시간에서 하룻밤 정도 둔다.

6 **오븐에 굽기** 주걱으로 가스를 살짝 빼 파운드케이크 틀에 담고, 200℃로 예열한 오븐 온도를 180℃로 내려 25분간 굽는다.

커피 너트 케이크

Coffee flavoured nuts cake

200℃ | 25min

160*7.5*6.5mm
파운드케이크 틀
1개 분량

은은한 커피 향과 고소한 견과류가 잘 어우러져요. 따뜻한 오후 티타임에 커피에 곁들이기 좋은 간식이죠. 헤이즐넛 커피를 넣으면 견과류의 맛이 더욱 살아나요.

재료

중력분 125g
설탕 35g
소금 1g
우유 100mL
드라이 이스트 2g
카놀라유 37g
달걀 50g(1개)
커피가루 4g

견과

아몬드 슬라이스 30g
다진 피칸 30g
통 피칸 3개

1 **우유·커피가루·달걀·이스트 섞기** 우유와 커피가루를 덩어리지지 않게 잘 섞는다. 달걀을 넣어 마저 풀고 드라이 이스트를 넣어 5분간 그대로 둔다. 이스트가 가라앉기 시작하면 골고루 섞는다.

2 **설탕·소금·카놀라유 섞기** ①에 설탕과 소금을 넣고 가볍게 섞은 다음 카놀라유를 부어 재료에 기름이 잘 퍼지도록 충분히 섞는다.

3 **아몬드·피칸 섞기** ②에 아몬드 슬라이스와 다진 피칸을 넣고 가볍게 섞은 뒤, 중력분을 넣어 밀가루가 보이지 않을 때까지 섞어 반죽한다.

4 **발효시키기** 볼에 랩을 씌워 반죽이 3배로 부풀고 표면에 기포가 많이 생길 때까지 15~25℃의 실온에 최소 4시간에서 하룻밤 정도 둔다.

5 **오븐에 굽기** 주걱으로 가스를 살짝 빼 파운드케이크 틀에 담고, 아몬드 슬라이스와 피칸을 올려 장식한 뒤 200℃로 예열한 오븐 온도를 180℃로 내려 25분간 굽는다.

 tip

실온 15~18℃에서는 하룻밤이면 알맞게 발효가 되지만 온도가 높은 여름에는 실온에 잠깐 두었다가 냉장 발효시키는 것이 좋다. 과발효시키면 풍미가 나빠지므로 주의한다.

tip

오븐 문을 열고 닫으면서 온도가 내려가기 때문에 200℃로 예열하고 180℃에서 굽는다.

유자 포피시드 케이크

Yuzu cake with poppy seeds

200℃ | 25min

160*7.5*6.5mm
파운드케이크 틀
1개 분량

은은한 유자 향과 포피 시드의 톡톡 터지는 감촉이 입속에서 잘 어울려요.
케이크에 유자청을 넣으면 달걀 냄새나 밀가루 잡내를 잡아줘 상큼한 맛을 즐길 수 있어요.

재료

중력분 125g
유자청 40g
소금 1g
우유 100mL
드라이 이스트 2g
카놀라유 37g
달걀 50g(1개)
포피 시드 조금(선택)

1 **우유·달걀·이스트 섞기** 우유와 달걀을 잘 섞고, 드라이 이스트를 넣고 5분간 그대로 둔다. 이스트가 가라앉기 시작하면 골고루 섞는다.

2 **유자청·소금·카놀라유 섞기** ①에 유자청과 소금을 넣고 가볍게 섞은 다음 카놀라유를 부어 재료에 기름이 잘 퍼지도록 충분히 섞는다.

3 **포피 시드·밀가루 섞기** ②에 포피 시드를 넣어 살짝 섞은 뒤, 중력분을 넣고 밀가루가 보이지 않을 때까지 섞어 반죽한다.

4 **발효시키기** 볼에 랩을 씌워 반죽이 3배로 부풀고 표면에 기포가 많이 생길 때까지 15~25℃의 실온에 최소 4시간에서 하룻밤 정도 둔다.

5 **오븐에 굽기** 주걱으로 가스를 살짝 빼 파운드케이크 틀에 담고, 200℃로 예열한 오븐 온도를 180℃로 내려 25분간 굽는다.

> **tip**
> 실온 15~18℃에서는 하룻밤이면 알맞게 발효가 되지만 온도가 높은 여름에는 실온에 잠깐 두었다가 냉장 발효시키는 것이 좋다. 과발효시키면 풍미가 나빠지므로 주의한다.

> **tip**
> 오븐 문을 열고 닫으면서 온도가 내려가기 때문에 200℃로 예열하고 180℃에서 굽는다.

프룬 두유 케이크

Soy milk cake with dried prune

200℃ | 25min

160*7.5*6.5mm
파운드케이크 틀
1개 분량

우유를 잘 소화하지 못하는 사람들을 위해 우유 대신 두유를 넣었어요. 섬유질이 풍부한 프룬으로 건강까지 생각했답니다. 프룬은 다른 건과일에 비해 부드러워 그대로 넣어도 괜찮아요.

재료

중력분 125g
설탕 35g
소금 1g
두유 100mL
드라이 이스트 2g
카놀라유 37g
달걀 50g(1개)
프룬 70g

1 **두유·달걀·이스트 섞기** 두유와 달걀을 잘 섞고, 드라이 이스트를 넣어 5분간 그대로 둔다. 이스트가 가라앉기 시작하면 골고루 섞는다.

2 **설탕·소금·카놀라유·프룬 섞기** ①에 설탕과 소금을 넣고 가볍게 섞은 다음 프룬을 넣고 카놀라유를 부어 재료에 기름이 잘 퍼지도록 충분히 섞는다.

3 **밀가루 섞기** ②에 중력분을 넣고 밀가루가 보이지 않을 때까지 섞어 반죽 한다.

4 **발효시키기** 볼에 랩을 씌워 반죽이 3배로 부풀고 표면에 기포가 많이 생길 때까지 15~25℃의 실온에 최소 4시간에서 하룻밤 정도 둔다.

5 **오븐에 굽기** 주걱으로 가스를 살짝 빼 파운드케이크 틀에 담고, 프룬을 반죽 위에 얹어 장식한 뒤 200℃로 예열한 오븐 온도를 180℃로 내려 25분간 굽는다.

tip

실온 15~18℃에서는 하룻밤이면 알맞게 발효가 되지만 온도가 높은 여름에는 실온에 잠깐 두었다가 냉장 발효시키는 것이 좋다. 과발효시키면 풍미가 나빠지므로 주의한다.

tip

오븐 문을 열고 닫으면서 온도가 내려가기 때문에 200℃로 예열하고 180℃에서 굽는다.

타피오카 케이크

Kuih bingka ubi

200℃ | 40min

160*7.5*6.5mm
파운드케이크 틀
1개 분량

밀가루에 민감하다면 밀가루를 쓰지 않은 타피오카 케이크를 만들어보세요.
쫄깃쫄깃한 찰떡 같은 느낌에 코코넛밀크가 더해져 한번 먹으면 멈출 수 없는 맛이랍니다.

재료

냉동 카사바 454g
달걀 50g(1개)
설탕 120g
코코넛밀크 200g
연유 50g
바닐라에센스 1/2작은술

1 **카사바 갈기** 냉동 카사바를 실온에 꺼내 완전히 녹인 다음 강판으로 간다.

2 **달걀·설탕 섞기** 볼에 달걀을 넣어 잘 푼 뒤, 설탕을 넣고 거품기로 천천히 젓는다.

3 **액체 재료 섞기** ②에 코코넛밀크, 바닐라에센스, 연유를 넣고 잘 섞는다.

4 **카사바 섞기** 강판에 간 카사바를 ③에 넣고 잘 섞은 다음 파운드케이크 틀에 80%까지 담는다.

5 **오븐에 굽기** 오븐을 200℃로 예열시킨 뒤 파운드케이크 틀을 넣고 온도를 180℃로 내려 40분간 굽는다.

tip
오븐 문을 열고 닫으면서 온도가 내려가기 때문에 200℃로 예열하고 180℃에서 굽는다.

part 4

발효 쿠키

Basic
발효 쿠키
만들기

일반적으로 알고 있는 것과는 조금 다른 방법으로 쿠키를 만들어보자. 베이킹
파우더를 쓰지 않고 이스트를 사용해서 쿠키를 만들면 독특한 식감이 난다.
이 파트에서 소개하는 레시피는 버터를 사용하지 않기 때문에 포화지방산에 대한
걱정을 덜어준다. 베이킹파우더를 쓰지 않고 이스트로 아이들이 좋아하는 초코칩
쿠키부터 이색적인 녹차 마블까지 만들어보자.

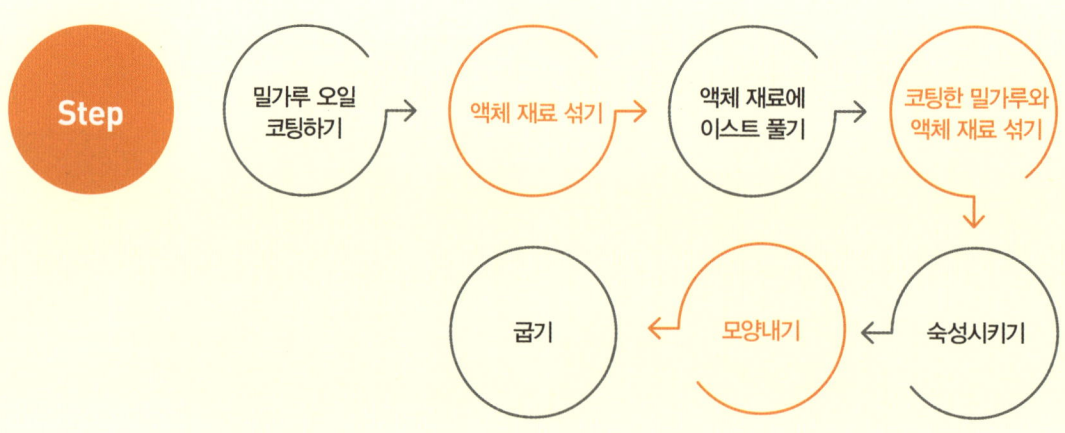

Step 밀가루 오일 코팅하기 → 액체 재료 섞기 → 액체 재료에 이스트 풀기 → 코팅한 밀가루와 액체 재료 섞기 → 숙성시키기 → 모양내기 → 굽기

준비 도구 | 볼, 저울, 주걱, 거품기, 오븐, 오븐 팬

step 1

가루 재료·카놀라유 섞기

1 가루 재료와 카놀라유를 골고루 섞는다. 쿠키를 만들 때 밀가루는 박력분을 쓰고, 기름은 버터를 사용하는 것이 일반적이다. 버터를 사용하는 쿠키는 버터를 크림화시켜 밀가루를 섞지만, 여기서는 버터 대신 식물성기름을 넣는다. 식물성기름으로 만드는 경우, 기름을 액채 재료에 넣고 섞은 다음 밀가루를 넣는 방법과, 기름을 먼저 밀가루에 넣고 섞은 다음 액체 재료를 넣는 방법이 있다. 액체 재료를 섞기 전에 밀가루에 미리 기름을 넣어 코팅을 하면 글루텐이 적게 형성되기 때문에 바삭한 느낌을 더 살릴 수 있다.

> **tip**
>
> **박력분 대신 중력분을 사용해도 되나?**
> 밀가루는 크게 박력분, 중력분, 강력분으로 나뉜다. 어떤 빵이나 쿠키를 만드느냐에 따라 밀가루가 달리 쓰이거나 섞어 쓰기도 한다. 발효케이크는 잘 부풀게 하고 좀 더 찰진 식감을 내기 위해 중력분을 사용하지만, 쿠키는 바삭한 식감을 내기 위해 글루텐이 적게 함유되어 있는 박력분을 쓰는 것이 좋다. 더욱 바삭하게 만들려면 박력분에 전분을 섞거나 쌀가루를 섞기도 한다.

step 2

액체 재료 섞기

2 다른 볼에 달걀 넣어 푼 다음 설탕과 소금을 넣고 잘 섞는다.

> **tip**
>
> **풍부한 맛을 내기 위해 생크림이나 연유를 넣는다**
> 진하고 풍부한 맛을 내기 위해 생크림이나 연유를 넣는다. 취향에 따라 생크림이나 연유를 10~30g 정도 조절해서 넣을 수 있고, 분유를 10~15g 넣을 수도 있다.

step 3

**액체 재료에
이스트 풀기**

3 ②에 이스트를 넣은 뒤 그대로 두었다가 가라앉기 시작하면 주걱으로 덩어리가 남지 않게 잘 섞는다.

step 4

**오일 코팅된
밀가루와
액체 재료 섞기**

4 ①번의 오일 코팅시킨 밀가루에 액체 재료를 부어 잘 섞는다. 볼을 돌려가면서 주걱 날을 세워 반죽을 자르듯이 섞어 액체 재료와 오일 코팅시킨 밀가루가 골고루 섞이도록 섞는다.

tip

이때 초코칩이나 다른 부재료를 같이 섞는다
이 단계에서 초코칩이나 다른 부재료를 같이 넣어 섞는다. 건포도, 크렌베리, 호두 등 다양한 부재료를 활용할 수 있다.

재빨리 섞어야 쿠키가 딱딱해지지 않는다
오일 코팅시킨 밀가루에 액체 재료를 섞을 때는 재빠르게 골고루 섞는 것이 중요하다. 이때 주걱으로 너무 오래 섞으면 밀가루에서 글루텐이 나와 딱딱해지므로 주의한다.

step 5

숙성시키기

5 반죽을 비닐에 싸서 냉장고에 넣어 3시간에서 하룻밤 정도 숙성시킨다. *오래 숙성
시킬수록 발효가 활발해져 풍미가 좋아지지만 과발효에 주의한다.

step 6

굽기

6 숙성된 반죽을 떠서 오븐 팬에 가지런히 올린다. 180℃로 예열된 오븐에 넣고 15분
간 굽는다.

피칸 비스코티

Pecan biscotti

180℃ | 20+15 min

18개 분량

두 번 구워 디욱 바삭한 비스코티. 비스코티는 두 번 구웠다는 뜻이랍니다. 피칸 비스코티는 베이킹파우더를 쓰지 않고 이스트로만 만들어 약간의 발효 향이 있는 것이 특징이에요.

재료

박력분 100g
황설탕 50g
피칸 30g
달걀 1개
우유 15g
드라이 이스트 2g

1 **밀가루 체 치기** 박력분은 미리 체쳐둔다.

2 **달걀·설탕 섞기** 달걀을 잘 풀고, 설탕을 넣어 거품기로 섞는다.

3 **우유에 드라이 이스트 섞기** 다른 볼에 우유를 담아 미지근하게 데운 뒤 드라이 이스트를 넣어 녹이고 ②와 섞는다.

4 **밀가루·피칸 섞기** ③에 박력분과 피칸을 넣고 밀가루가 보이지 않을 정도로 가볍게 섞는다.

5 **숙성시키기** 오븐 팬에 반죽을 놓고 납작하고 길쭉한 직사각형 모양으로 만든 뒤, 비닐을 덮어 25℃ 온도에서 2시간 동안 숙성시킨다.

6 **오븐에 굽기** 180℃로 예열된 오븐에서 20분간 굽고 식힌 다음, 1cm 두께로 잘라 다시 오븐 팬에 올린다.

7 **2차 굽기** 오븐을 180℃로 예열시킨 뒤 온도를 160℃로 낮춰 15분간 더 굽는다.

호밀 견과 쿠키

Cranberry & pecan rye cookies

180℃ | 15~18 min

15개 분량

호밀이 들어가 묵직한 느낌이 나고, 씹으면 씹을수록 고소한 맛이 더해져 매력적인 쿠키예요.
버터와 베이킹파우더 대신 카놀라유와 이스트를 넣어 색다르게 구워봤어요.

재료

박력분 150g
호밀가루 50g
호두 70g
크랜베리 70g
설탕 90g
달걀 1개
카놀라유 85g
소금 1g
드라이 이스트 2g

tip

가루에 미리 기름을 묻히면 다른 액체와 잘 섞이지 않아 글루텐 형성이 적어진다.

tip

오래 숙성시킬수록 발효가 활발해져 풍미가 좋아진다.

1 **가루 재료·카놀라유 섞기** 호밀가루와 박력분, 카놀라유를 골고루 섞는다.

2 **달걀·이스트·설탕·소금 섞기** 다른 볼에 달걀을 넣어 푼 다음, 설탕과 소금을 넣어 녹인다. 입자가 녹아 안 보이면 드라이 이스트를 넣고 1분간 그대로 둬 가라앉기 시작하면 주걱으로 저어 골고루 섞는다. 이것을 ①에 부어 자르듯 가볍게 섞는다.

3 **호두·크랜베리 섞기** ②에 호두와 크랜베리를 넣어 골고루 섞는다.

4 **숙성시키기** 반죽에 랩을 씌우고 냉장고에 넣어 3시간에서 하룻밤 동안 숙성시킨다.

5 **오븐에 굽기** 숙성된 반죽을 35g씩 잘라 동그랗게 만든 뒤 오븐 팬에 가지런히 놓는다. 손으로 살짝 눌러 피칸을 얹고, 180℃로 예열된 오븐에서 15~18분간 굽는다.

얼그레이 쿠키

Earl grey tea cookies

180℃ | 15min

20개 분량

반죽에 얼그레이 홍차를 넣어 홍차 향이 은은히 퍼지는 쿠키예요.
그냥 먹어도 맛있지만 홍차에 적셔 먹으면 입에서 부드럽게 부스러지는 맛이 최고예요.

재료

박력분 200g
설탕 100g
달걀 1개
카놀라유 85g
소금 1g
드라이 이스트 1g
얼그레이 홍차가루 2g

tip

가루에 미리 기름을 묻히면 다른
액체와 잘 섞이지 않아 글루텐 형
성이 적어진다.

tip

오래 숙성시킬수록 발효가 활발해
져 풍미가 좋아진다.

1 **밀가루·카놀라유 섞기** 박력분과 카놀라유를 골고루 섞는다.

2 **달걀·홍차가루 섞기** 다른 볼에 달걀을 넣어 푼 다음, 홍차가루를 넣고
섞는다.

3 **이스트·설탕·소금 섞기** ②에 설탕과 소금을 넣어 잘 녹인 다음 이스트를
넣고 잘 섞는다.

4 **반죽하기** ③을 ①에 부어 주걱으로 자르듯 빠르게 고루 섞는다.

5 **숙성시키기** 반죽에 랩을 씌우고 냉장고에 넣어 3시간에서 하룻밤 동안
숙성시킨다.

6 **오븐에 굽기** 숙성된 반죽을 20g씩 잘라 동그랗게 만들고, 오븐 팬에
가지런히 둔 다음 손으로 살짝 눌러 크랜베리를 얹는다. 180℃로 예열된
오븐에 넣고 15분간 굽는다.

레몬 쿠키

Lemon cookies

180℃ | 15min

25개 분량

레몬 껍질을 갈아 넣어 상큼함을 더한 쿠키랍니다. 고급 베이커리에서 파는 레몬 쿠키와 비교해도 손색없죠. 레몬 껍질 대신 오렌지 껍질이나 유자청을 넣어도 좋아요.

재료

박력분 200g
레몬 1/2개
황설탕 95g
달걀 1개
카놀라유 85g
레몬즙 1큰술
소금 1g
드라이 이스트 1g

tip

가루에 미리 기름을 묻히면 다른 액체와 잘 섞이지 않아 글루텐 형성이 적어진다.

tip

레몬은 노란 껍질만 강판에 갈아 넣어야 하며, 흰 부분이 들어갈 경우 쓴맛이 난다.

tip

오래 숙성시킬수록 발효가 활발해져 풍미가 좋아진다.

1 **밀가루·카놀라유 섞기** 박력분과 카놀라유를 골고루 섞는다.

2 **달걀·설탕·소금·이스트 섞기** 다른 볼에 달걀을 넣어 푼 다음 설탕과 소금을 넣어 잘 녹인다. 여기에 다시 이스트를 넣고 그대로 두었다가 가라앉기 시작하면 잘 섞는다.

3 **레몬 갈아 넣기** 레몬 껍질을 강판에 갈아 ②에 넣고, 레몬즙을 넣어 섞는다.

4 **반죽하기** ③을 ①에 부은 뒤 재료가 잘 섞이도록 주걱으로 자르듯 빨리 섞는다.

5 **숙성시키기** 반죽을 랩으로 싸서 냉장고에 넣은 뒤 3시간에서 하룻밤 정도 숙성시킨다.

6 **오븐에 굽기** 숙성된 반죽을 15g씩 잘라 동그랗게 만들어 오븐 팬에 가지런히 둔 다음, 포크로 가운데를 눌러 모양을 낸다. 180℃로 예열된 오븐에 넣고 15분간 굽는다.

초코칩 쿠키

Chocolate chip cookies

180℃ | 15min

25개 분량

버터 대신 식물성기름으로 반죽해 느끼하지 않은 반죽에 초코칩을 듬뿍 넣어 쿠키를 만들었어요.
달콤한 초코칩이 오독오독 씹혀 아이들이 정말 좋아해요.

재료

박력분 180g
초코칩 100g
황설탕 95g
생크림 15g
바닐라빈 1/5개
달걀 1개
카놀라유 85g
소금 1g
드라이 이스트 1g

tip

가루에 미리 기름을 묻히면 다른 액체와 잘 섞이지 않아 글루텐 형성이 적어진다.

tip

오래 숙성시킬수록 발효가 활발해져 풍미가 좋아진다.

1 **밀가루·카놀라유 섞기** 박력분과 카놀라유를 골고루 섞는다.

2 **달걀·생크림·바닐라 빈 섞기** 다른 볼에 달걀과 생크림을 넣어 푼 다음, 바닐라 빈을 긁어 넣고 섞는다.

3 **이스트 섞기** ②에 설탕과 소금을 넣어 잘 녹이고, 이스트를 넣은 뒤 그대로 두었다가 가라앉기 시작하면 잘 섞는다.

4 **초코칩 섞기** ③에 ①을 넣어 주걱날을 세워 자르듯 빠르게 섞다가, 초코칩을 넣고 골고루 잘 섞는다.

5 **숙성시키기** 반죽을 비닐에 싸서 냉장고에 넣어 3시간에서 하룻밤 정도 숙성시킨다.

6 **오븐에 굽기** 숙성된 반죽을 20g씩 떠서 베이킹 팬에 가지런히 올린다. 180℃로 예열된 오븐에 넣고 15분간 굽는다.

녹차 마룰 쿠키

Green tea Ma'amoul

180℃ | 10~15 min

30개 분량

아랍 국가에서 흔히 먹는 말린 대추야자를 넣어 만든 아랍식 마물 쿠키에 녹차로 색을 입혔어요.
대추야자의 식이섬유와 녹차가 만나 영양도 풍부하답니다.

재료

박력분 160g
세몰리나 20g
설탕 90g
카놀라유 85g
달걀 50g
소금 1g
드라이 이스트 1g
녹차가루 5g

필링

대추야자 80g
버터 20g
설탕 15g
아몬드 슬라이스 30g

1 **대추야자 씨 빼기** 대추야자는 씨를 빼고 찜통에 넣어 10분간 찐다.

2 **필링 재료 섞기** 찐 대추야자와 버터, 설탕, 아몬드 슬라이스를 잘 섞은 뒤
   5g씩 나누어 필링을 만들어놓는다.

반죽을 쫄깃하게 만드는 세몰리나

세몰리나는 파스타 면에 쓰는 듀럼밀을 곱게 갈아서 만든 밀가루다. 수입재료 식품점
에서 구할 수 있다. 세몰리나가 들어간 빵은 글루텐이 많고 겉과 속이 모두 조밀해 쫄
깃, 고소한 맛이 특징이다.

tip

가루에 미리 기름을 묻히면 다른 액체와 잘 섞이지 않아 글루텐 형성이 덜 된다. 쿠키는 글루텐이 적어야 바삭한 맛이 좋다. (p.225 step 1 '가루 재료·카놀라유 섞기' 참조)

3 가루 재료·카놀라유 섞기 박력분, 세몰리나, 녹차가루를 섞은 뒤, 카놀라유를 넣고 재료에 잘 스며들도록 섞는다.

4 달걀·이스트·설탕·소금 섞기 다른 볼에 달걀을 넣어 푼 다음, 설탕과 소금을 넣어 녹인다. 거기에 이스트를 넣어 그대로 두었다가 가라앉기 시작하면 섞는다.

5 반죽하기 ③에 ④를 넣은 뒤 주걱날을 세워 가루가 잘 섞일 때까지 자르듯 빠르게 섞는다.

6   7-1   7-2

tip

오래 숙성시킬수록 발효가 활발해
져 풍미가 좋아진다.

6 **숙성시키기** 반죽을 비닐에 싸서 냉장고에 넣어 3시간에서 하룻밤 동안
　 숙성시킨다.

7 **모양내기** 숙성된 반죽을 10g씩 잘라 동글납작하게 만든다. 반죽 가운데
　 필링을 올리고 오므린 다음 틀에 넣어 모양낸다.

8 **오븐에 굽기** 오븐 팬에 가지런히 놓고 180℃로 예열된 오븐에서 10~15분
　 간 굽는다.

아몬드 튀일

Almond Tuiles

180℃ | 10~12 min

12개 분량

달걀흰자가 많이 남아 처치하기 곤란할 때 아몬드를 넣고 튀일을 만들면 고급스러운 과자로 변신해요.
기름이 많이 들어가지 않아 담백한 맛이 최고예요. 아몬드 대신 코코넛이나 참깨를 넣어도 좋아요.

재료

흰자 40g
설탕 50g
박력분 15g
아몬드 슬라이스 65g
카놀라유 10g
바닐라에센스 5방울

1 **흰자·설탕·바닐라 섞기** 흰자를 거품기로 살짝 푼 다음, 설탕과 바닐라에
  센스를 넣고 섞는다.

2 **밀가루 섞기** ①에 체 친 박력분을 넣고 덩어리가 생기지 않게 거품기로
  가볍게 섞는다.

3 **카놀라유·아몬드 섞기** 카놀라유를 넣고 가볍게 섞은 다음, 아몬드 슬라
  이스를 넣고 골고루 섞어 3시간 동안 휴지시킨다.

4 **팬에 올리기** 오븐 팬 위에 반죽을 1큰술씩 떠서 올린 다음 동그랗고
  얇게 편다.

5 **오븐에 굽기** 180℃로 예열한 오븐에 넣어 가장자리가 노릇노릇해질 때까
  지 10~12분간 굽는다. 팬에서 꺼내 밀대 위에 말아 식힌다.

tip

최대한 얇게 펴는 것이 바삭하게
하는 포인트이다. 밀대에 올려 모양
을 잡을 때는 뜨겁고 부드러울 때
재빠르게 구부려야 깨지지 않고 모
양이 잘 나온다.

Index

• 요리

대한민국 대표 요리선생님에게 배우는 요리 기본기
한복선의 요리 백과 338
칼 다루기부터 썰기, 계량하기, 재료를 손질·보관하는 요령까지 요리의 기본을 확실히 잡아주고 국·찌개·구이·조림·나물 등 다양한 조리법으로 맛 내는 비법을 알려준다. 매일 반찬부터 별식까지 웬만한 요리는 다 들어있어 맛있는 집밥을 즐길 수 있다.

한복선 지음 | 352쪽 | 188×254mm | 22,000원

후다닥 쌤의
후다닥 간편 요리
구독자 수 51만 명의 유튜브 '후다닥요리'의 인기 집밥 103가지를 소개한다. 국·찌개, 반찬, 김치, 한 그릇 밥·국수, 별식과 간식까지 메뉴가 다양하다. 저자가 애용하는 양념, 조리도구, 조리 비법을 알려주고, 모든 메뉴에 QR 코드를 수록해 동영상도 볼 수 있다.

김연정 지음 | 248쪽 | 188×245mm | 16,000원

그대로 따라 하면 엄마가 해주시던 바로 그 맛
한복선의 엄마의 밥상
일상 반찬, 찌개와 국, 별미 요리, 한 그릇 요리, 김치 등 웬만한 요리 레시피는 다 들어있어 기본 요리 실력 다지기부터 매일 밥상 차리기까지 이 책 한 권이면 충분하다. 누구든지 그대로 따라 하기만 하면 엄마가 해주시던 바로 그 맛을 낼 수 있다.

한복선 지음 | 312쪽 | 188×245mm | 16,800원

영양학 전문가가 알려주는 저염·저칼륨 식사법
콩팥병을 이기는 매일 밥상
콩팥병은 한번 시작되면 점점 나빠지는 특징이 있어 무엇보다 식사 관리가 중요하다. 영양학 박사와 임상 영상사들이 저염식을 기본으로 단백질, 인, 칼륨 등을 줄인 콩팥병 맞춤 요리를 준비했다. 간편하고 맛도 좋아 환자와 가족 모두 걱정 없이 즐길 수 있다.

어메이징푸드 지음 | 248쪽 | 188×245mm | 18,000원

먹을수록 건강해진다!
나물로 차리는 건강밥상
생나물, 무침나물, 볶음나물 등 나물 레시피 107가지를 소개한다. 기본 나물부터 토속 나물까지 다양한 나물반찬과 비빔밥, 김밥, 파스타 등 나물로 만드는 별미 요리를 담았다. 메뉴마다 영양과 효능을 소개하고, 월별 제철 나물, 나물요리의 기본요령도 알려준다.

리스컴 편집부 | 160쪽 | 188×245mm | 12,000원

'치료 효과 높이고 재발 막는 항암요리
암을 이기는 최고의 식사법
암 환자들의 치료 효과를 높이고 재발을 막는 데 도움이 되는 음식을 소개한다. 항암치료 시 나타나는 증상별 치료식과 치료를 마치고 건강을 관리하는 일상 관리식으로 나눠 담았다. 항암 식생활, 항암 식단에 대한 궁금증 등 암에 관한 정보도 꼼꼼하게 알려준다.

어메이징푸드 지음 | 280쪽 | 188×245mm | 18,000원

맛있는 밥을 간편하게 즐기고 싶다면
뚝딱 한 그릇, 밥
덮밥, 볶음밥, 비빔밥, 솥밥 등 별다른 반찬 없이도 맛있게 먹을 수 있는 한 그릇 밥 76가지를 소개한다. 한식부터 외국 음식까지 메뉴가 풍성해 혼밥으로 별식으로, 도시락으로 다양하게 즐길 수 있다. 레시피가 쉽고, 밥 짓기 등 기본 조리법과 알찬 정보도 가득하다.

장연정 지음 | 216쪽 | 188×245mm | 14,000원

영양학 전문가의 맞춤 당뇨식
최고의 당뇨 밥상
영양학 전문가들이 상담을 통해 쌓은 데이터를 기반으로 당뇨 환자들이 가장 맛있게 먹으며 당뇨 관리에 성공한 메뉴를 추렸다. 한 상 차림부터 한 그릇 요리, 브런치, 샐러드와 당뇨 맞춤 음료, 도시락 등으로 구성해 매일 활용할 수 있으며, 조리법도 간단하다.

어메이징푸드 지음 | 256쪽 | 188×245mm | 16,000원

입맛 없을 때, 간단하고 맛있는 한 끼
뚝딱 한 그릇, 국수
비빔국수, 국물국수, 볶음국수 등 입맛 살리는 국수 63가지를 담았다. 김치비빔국수, 칼국수 등 누구나 좋아하는 우리 국수부터 파스타, 미고렝 등 색다른 외국 국수까지 메뉴가 다양하다. 국수 삶기, 국물 내기 등 기본 조리법과 함께 먹으면 맛있는 밑반찬도 알려준다.

장연정 지음 | 200쪽 | 188×245mm | 14,000원

만약에 달걀이 없었더라면 무엇으로 식탁을 차릴까
오늘도 달걀
값싸고 영양 많은 완전식품 달걀을 더 맛있게 즐길 수 있는 달걀 요리 레시피북. 가벼운 한 끼부터 든든한 별식, 밥반찬, 간식과 디저트, 음료까지 맛있는 달걀 요리 63가지를 담았다. 레시피가 간단하고 기본 조리법과 소스 등도 알려줘 누구나 쉽게 만들 수 있다.

손성희 지음 | 136쪽 | 188×245mm | 14,000원

내 몸이 가벼워지는 시간
샐러드에 반하다
한 끼 샐러드, 도시락 샐러드, 저칼로리 샐러드, 곁들이 샐러드 등 쉽고 맛있는 샐러드 레시피 64가지를 소개한다. 각 샐러드의 전체 칼로리와 드레싱 칼로리를 함께 알려줘 다이어트에도 도움이 된다. 다양한 맛의 45가지 드레싱 등 알찬 정보도 담았다.

장연정 지음 | 184쪽 | 210×256mm | 16,000원

혼술·홈파티를 위한 칵테일 레시피 85
칵테일 앳 홈
인기 유튜버 리니비니가 요즘 바에서 가장 인기 있고, 유튜브에서 많은 호응을 얻은 칵테일 85가지를 소개한다. 모든 레시피에 맛과 도수를 표시하고 베이스 술과 도구, 사용법까지 꼼꼼하게 담아 칵테일 초보자도 실패 없이 맛있는 칵테일을 만들 수 있다.

리니비니 지음 | 208쪽 | 146×205mm | 18,000원

술자리를 빛내주는 센스 만점 레시피
술에는 안주
술맛과 분위기를 최고로 끌어주는 64가지 안주를 술자리 상황별로 소개했다. 누구나 좋아하는 인기 술안주, 부담 없이 즐기기에 좋은 가벼운 안주, 식사를 겸할 수 있는 든든한 안주, 홈파티 분위기를 살려주는 폼나는 안주, 굽기만 하면 되는 초간단 안주 등 5개 파트로 나누었다.

장연정 지음 | 152쪽 | 151×205mm | 13,000원

건강한 약차, 향긋한 꽃차
오늘도 차를 마십니다
맛있고 향긋하고 몸에 좋은 약차와 꽃차 60가지를 소개한다. 각 차마다 효능과 마시는 방법을 알려줘 자신에게 맞는 차를 골라 마실 수 있다. 차를 더 효과적으로 마실 수 있는 기본 정보와 다양한 팁도 담아 누구나 향기롭고 건강한 차 생활을 즐길 수 있다.

김달래 감수 | 200쪽 | 188×245mm | 15,000원

소문난 레스토랑의 맛있는 비건 레시피 53
오늘, 나는 비건
소문난 비건 레스토랑 11곳을 소개하고, 그곳의 인기 레시피 53가지를 알려준다. 파스타, 스테이크, 후무스, 버거 등 맛있고 트렌디한 비건 메뉴를 다양하게 담았다. 레스토랑에서 맛보는 비건 요리를 셰프의 레시피 그대로 집에서 만들어 먹을 수 있다.

김홍미 지음 | 204쪽 | 188×245mm | 15,000원

• 인테리어

우리 집을 넓고 예쁘게
공간 디자인의 기술
집 안을 예쁘고 효율적으로 꾸미는 방법을 인테리어의 핵심인 배치, 수납, 장식으로 나눠 알려준다. 포인트를 콕콕 짚어주고 알기 쉬운 그림을 곁들여 한눈에 이해할 수 있다. 결혼이나 이사를 하는 사람을 위해 집 구하기와 가구 고르기에 대한 정보도 자세히 담았다.

가와카미 유키 지음 | 240쪽 | 170×220mm | 16,800원

인플루언서 19인의 집 꾸미기 노하우
셀프 인테리어 아이디어57
베란다와 주방 꾸미기, 공간 활용, 플랜테리어 등 남다른 감각의 셀프 인테리어를 보여주는 19인의 집을 소개한다. 집 안 곳곳에 반짝이는 아이디어가 담겨 있고 방법이 쉬워 누구나 직접 할 수 있다. 집을 예쁘고 편하게 꾸미고 싶다면 그들의 노하우를 배워보자.

리스컴 편집부 엮음 | 168쪽 | 188×245mm | 16,000원

119가지 실내식물 가이드 (하드커버)
실내식물 죽이지 않고 잘 키우는 방법
반려식물로 삼기 적합한 119가지 실내식물의 특징과 환경, 적절한 관리 방법을 알려주는 가이드북. 식물에 대한 정보를 위치, 빛, 물과 영양, 돌보기로 나누어 보다 자세하게 설명한다. 식물을 키우며 겪을 수 있는 여러 문제에 대한 해결책도 제시한다.

베로니카 피어리스 지음 | 144쪽 | 150×195mm | 16,000원

내 집은 내가 고친다
집수리 닥터 강쌤의 셀프 집수리
집 안 곳곳에서 생기는 문제들을 출장 수리 없이 내 손으로 고칠 수 있게 도와주는 책. 집수리 전문가이자 인기 유튜버인 저자가 25년 경력을 통해 얻은 노하우를 알려준다. 전 과정을 사진과 함께 자세히 설명하고, QR코드를 수록해 동영상도 볼 수 있다.

강태운 지음 | 272쪽 | 190×260mm | 22,000원

화분에 쉽게 키우는 28가지 인기 채소
우리 집 미니 채소밭
화분 둘 곳만 있다면 집에서 간단히 채소를 키울 수 있다. 이 책은 화분 재배 방법을 기초부터 꼼꼼하게 가르쳐준다. 화분 준비부터 키우는 방법, 병충해 대책까지 쉽고 자세하게 설명하고, 수확량을 늘리는 비결에 대해서도 친절하게 알려준다.

후지타 사토시 지음 | 96쪽 | 188×245mm | 13,000원

유익한 정보와 다양한 이벤트가 있는 리스컴 SNS 채널로 놀러오세요!

블로그
blog.naver.com/leescomm

인스타그램
instagram.com/leescom

유튜브
www.youtube.com/c/leescom

볼 하나로 간단히_치대지 않고 쉽게

무반죽 원 볼 베이킹

요리·사진 | 고상진

편집 | 이희진 김민주
디자인 | 한송이
마케팅 | 장기봉 이진목 서정윤 황기철

인쇄 | 금강인쇄

펴낸이 | 이진희
펴낸곳 | (주)리스컴

개정판 인쇄 | 2024년 2월 13일
개정판 발행 | 2024년 2월 20일

주소 | 서울시 강남구 테헤란로87길 22, 7138호
전화번호 | 대표번호 02-540-5192
　　　　　편집부 02-544-5194
FAX | 0504-479-4222
등록번호 | 제2-3348

ISBN 979-11-5616-321-3 13590
책값은 뒤표지에 있습니다.